❥ 簡單繡就 OK！❦

可愛風手感刺繡

大風文創

目次

● 法式刺繡的基礎

● 10種基礎針法

● 圖案

生活小物的製作方法

一起從基礎開始
快樂學習吧♪

法式刺繡的基礎

本書介紹的是「法式刺繡」技法。
從最基礎的刺繡針、繡線、用具等開始說明，
並針對 10 種基礎的刺繡針法進行詳細解說。

運用10種基礎針法所創作的作品（圖案請參閱 p14）

＊也可以單獨選擇喜歡的圖案進行刺繡

設計＆製作／FABBRICA

用具提供／DMC

➤ 關於繡線

刺繡時最常被運用的,是色彩繽紛又豐富的25號繡線。
剪下需要的長度與股數,穿針後使用。
其他還有5號及8號繡線,號碼越小的繡線越粗。

各種顏色
都試試看吧!

25號繡線

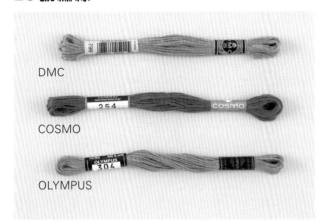

DMC

COSMO

OLYMPUS

25號繡線由6股細線捻製成一束,
1束全長約有8m。
束帶上標記有製造廠商及色號,
同樣色號的繡線也可能因為製造的廠商不同,
顏色會有所差異,購買前請仔細確認。

＊有時也會遇到某些色號已經停產的情況,
這時請對照成品圖選擇相近的顏色代替即可。

其他繡線

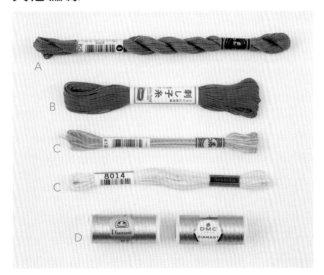

A

B

C

C

D

A 5號刺繡線
B 刺子繡專用繡線
C 25號 Gradation系列繡線
D 金蔥繡線

股數的差異

〈25號繡線〉
1股
2股
3股
6股

粗細的差異

5號刺繡線
刺子繡專用繡線
25號 Gradation系列繡線
金蔥繡線
金蔥繡線

❥ 關於繡布

刺繡時平織的棉或麻布較容易操作，因此經常作為底布使用。
製作作品時可以依據用途及想要呈現的風格進行選擇。
較薄或太軟不好進行刺繡的布料，可以在背面貼布襯就能較容易操作。

中麻布（COSMO）
麻100%

自由刺繡用棉布（COSMO）
綿100%

平織薄棉布
綿100%

中厚麻布
麻100%

印花棉布
綿100%

毛氈布

織目太細的布料刺繡針不容易穿刺，而
在織目太粗的布上做刺繡，成品則容易
顯得粗糙，不易呈現圓滑的質感。

素材提供（上排左・中）／LECIEN

❧ 關於工具

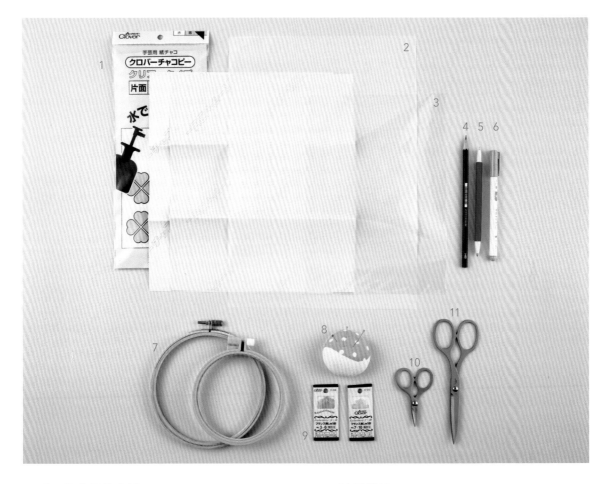

1 **手工藝專用複寫紙：**
   複寫圖案時使用，刺繡時用單面複寫型態的較佳。

2 **描圖紙：**
   複寫原始圖案時使用。

3 **玻璃紙：**
   也可以裁剪透明夾鏈袋來使用！

4 **鉛筆：**
   將圖案複寫至描圖紙上時使用。

5 **骨筆：**
   在玻璃紙上複寫圖案時使用。

6 **粉土筆 / 水消筆：**
   有缺漏的線條時可以用於補線條，或者手繪圖案時使用。

7 **刺繡框：**
   將布繃緊進行刺繡時使用。

8 **珠針、針插：**
   複寫轉印圖案時，可以用於固定底布。

9 **刺繡針：**
   有不同粗細的刺繡針，請選擇適合的使用。

10 **線用剪刀：**
   剪線專用剪刀，選擇前端細尖的較容易使用。

11 **布用剪刀：**
   裁布專用剪刀，請與剪紙用的區別開來。

尋找適合自己的工具，
製作時會更順手！

用具提供／Clover 可樂牌

➤ 關於刺繡針

刺繡時請使用法式刺繡的專用刺繡針。

針孔較大非常容易穿線，針尖鋒銳，容易穿刺布面。

針號編碼由 3~10 號，數字越大針越細。

請依據需使用的繡線股數及布料的厚薄程度選用合適的刺繡針。

實際操作時如果覺得難以穿刺，就需要更換不同粗細的繡針。

各個號碼的刺繡針（實物大小）

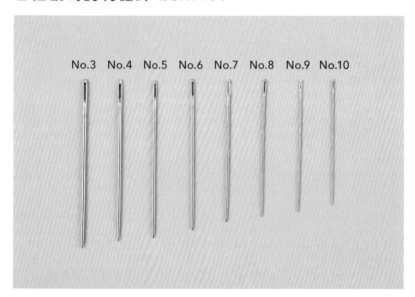

刺繡針與繡線的選用參考

針號 （長度 mm）	No.3 （44.5）	No.4 （42.9）	No.5 （41.3）	No.6 （39.7）	No.7 （38.1）	No.8 （36.5）	No.9 （34.9）	No.10 （33.3）
繡線股數	6股以上	5~6股	4~5股	3~4股	2~3股	1~2股	1股	1股
適合的 布料厚度	厚／粗糙 ━━━━━━━━━━━━━━━━━━▶ 薄／細軟							

＊以上為 Clover 可樂牌法式刺繡針的數據資料。

不同品牌或國外的工具可能會有所差距，請參考實物大小的照片斟酌選用。

❥ 刺繡框的使用方法

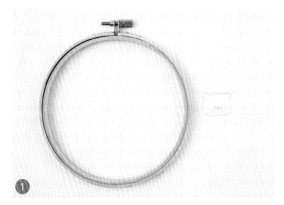

① 準備已複寫好圖案的布料及刺繡框。刺繡框請依據刺繡圖案的大小選用合適的尺寸。

② 鬆開外框螺絲取下內框，將內框置於圖案下方。

③ 調整繡布的位置，使圖案擺放於正中間，再將外框從布料上方套住。

＊將繡框的螺絲位置擺放至慣用手的對側，刺繡時較不容易勾到繡線。

④ 整理一下布面後，鎖緊螺絲。

⑤ 將布料上下左右平均地拉緊撐開，使布面呈現緊繃平整的狀態。

⑥ 最後再確實鎖緊螺絲，開始刺繡。

➤ 圖案的複寫方式

圖案的複寫方式有很多種，使用複寫紙是最具代表性的一種，
請依據用途及圖案選用合適的複寫方式。
選用正確合適的圖案複寫方式，也能讓成品更漂亮。

手工藝用複寫紙

① 容易綻線的布可以先噴水再熨燙，整理一下布目。為預防邊緣脫線，可以先疏縫一周大略固定。

② 將描圖紙覆蓋在圖案上方，用鉛筆或原子筆描畫圖案。

③ 將已經描好圖案的描圖紙蓋在布料上方，放到想要進行刺繡的位置後，以珠針固定。

④ 在布料與描圖紙中間夾一張手工藝用複寫紙，有顏色的一面貼著布料。

⑤ 在圖案上方覆蓋一張玻璃紙，周圍用珠針固定，使四張紙都能穩固不移動。

用珠針固定手工藝用複寫紙時，會在布料上留下珠針痕跡，待將圖案複寫轉印完畢後，再仔細去除即可。

⑥ 用骨筆描畫圖案。

＊在卸除紙片之前，要仔細確認所有線條是否都複寫到了。

⑦ 圖案複寫完成！

SMART PRINT 轉印紙 (COSMO)

可以直接將複寫好的圖案貼在布料上，直接在貼紙上進行刺繡。繡好之後，過水就能將貼紙黏膠融化。可以應用於不容易將圖案複寫上去的毛氈布等材料。

素材提供／LECIEN
※「スマ・プリ」為 LECIEN 的註冊商標

① 在 SMART PRINT 轉印紙的粗糙面（有貼紙黏膠那側）以水性筆描畫圖案，並將留白部分剪掉。

② 撕掉背側紙片，將轉印紙黏貼到布料上後，開始刺繡。

③ 繡好以後，將布料泡水約 5 分鐘，使轉印紙溶解，然後輕柔的搓洗。

④ 待轉印紙溶解之後，只剩下刺繡留在布料上。晾乾以後，再熨燙整理。

POINT

＊**先在布料邊角測試一下，再正式描畫複寫圖案。**

複寫紙有很多種不同型態，有些用水就能溶解，也有加熱就消失，或加熱反而不容易消除的形式。不同的布料，也會有容易或不容易轉印的狀況，因此務必先在布料邊角測試一下再使用，使用前請詳閱商品說明，以正確的方式使用。

＊**線條較細的地方，或在圖案原本的線條以外描畫自己想要的圖案時，可以運用粉土筆或水消筆。**

用粉土筆重新將變細的線條或消失的部位勾勒出來。

也可以用粉土筆直接畫上自創的圖案。

➧ 繡線的使用方式

繡線的取用方式

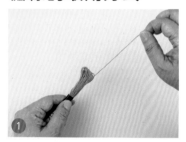  

①由線束中找到線的一端,一手壓著標籤紙,將6股纏成一條的線如圖示慢慢整條拉出來。

②裁剪一段方便使用的長度(約50～60cm),然後再慢慢一股一股抽出需要使用的股數。

③使用時須先將線頭整理齊平。

＊一次使用6股線刺繡時,也要一股一股先抽出,再整理在一起。

繡線的穿針方式

 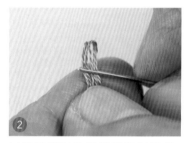 

①將線頭掛在針尾上對折後,將針抽出,用手指夾住對折處的線,使其分散攤平。

②以繡線攤平的狀態對準針孔後,將繡線穿過針孔。

③拉出穿過針孔的線即完成穿線。

穿線器的使用方式

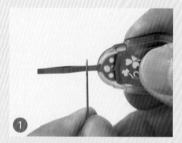  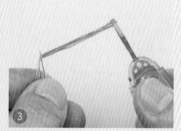

①先將穿線器的尖端穿過針孔。

②將線穿過穿線器尖端的洞。

③再將穿線器由針孔中抽出,即完成穿線。

工具提供／Clover 可樂牌

開始刺繡以及刺繡結束時的收線方式

繡線狀圖案時

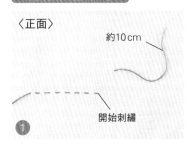

〈正面〉
約10cm
開始刺繡
① 從不會妨礙到刺繡圖案的地方開始入針,線頭預留約 10 cm 後開始刺繡。

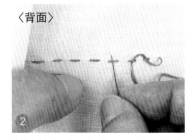

〈背面〉
② 刺繡結束時,在背面用針穿過幾個刺繡針目,接著線尾留下約0.5 cm 後剪斷。

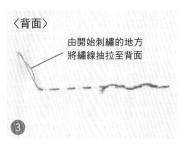

〈背面〉
由開始刺繡的地方將繡線抽拉至背面
③ 起始處的線頭也同樣,將線頭再次穿針,使其穿過幾個刺繡針目後剪斷。

繡面狀圖案時

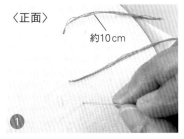

〈正面〉
約10cm
① 從不會妨礙到刺繡圖案的地方開始入針,線頭預留約 10 cm 後開始刺繡。

〈背面〉
② 刺繡結束時,將針頭穿進背面渡線的刺繡針目裡,反覆穿過幾針後剪掉線尾。

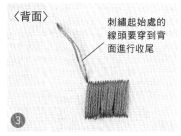

〈背面〉
刺繡起始處的線頭要穿到背面進行收尾
③ 起始處的線頭也同樣,將線頭再次穿針,針頭反覆穿過幾針背面渡線的刺繡針目裡,線尾留下約0.5 cm 後剪斷。

如何打結

〈開始刺繡前的打結〉

① 線穿好針後,將線尾橫放在手指上,針尖縱放於其上。

② 將針按在手指上,線繞過針尖兩圈。

③ 用手指壓住繞圈處,將針抽出。

④ 線尾打結完成!(打完結的線尾若太長,可以留下約 0.5 cm 後剪斷。)

〈刺繡結束時的打結〉

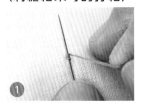

① 將針壓在背面線段的根部,用線纏繞針兩圈。

② 壓緊繞圈處後再將針抽出。

③ 貼著布料的結完成了!留下約 0.5 cm 後剪斷。

P4 的圖案

● 使用 DMC 25 號繡線
● 基底布料：麻布

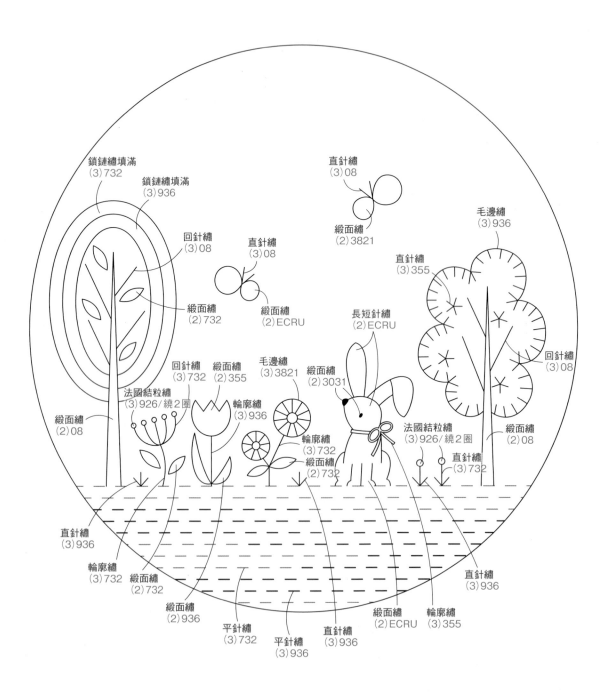

鎖鏈繡填滿
(3) 732

鎖鏈繡填滿
(3) 936

回針繡
(3) 08

直針繡
(3) 08

直針繡
(3) 08

緞面繡
(2) 3821

毛邊繡
(3) 936

直針繡
(3) 355

緞面繡
(2) 732

緞面繡
(2) ECRU

長短針繡
(2) ECRU

回針繡
(3) 08

回針繡
(3) 732

緞面繡
(2) 355

毛邊繡
(3) 3821

緞面繡
(2) 3031

法國結粒繡
(3) 926／繞 2 圈

緞面繡
(2) 08

法國結粒繡
(3) 926／繞 2 圈

輪廓繡
(3) 936

直針繡
(3) 732

緞面繡
(2) 08

輪廓繡
(3) 732

緞面繡
(2) 732

直針繡
(3) 936

輪廓繡
(3) 732

緞面繡
(2) 732

緞面繡
(2) 936

平針繡
(3) 732

平針繡
(3) 936

直針繡
(3) 936

緞面繡
(2) ECRU

輪廓繡
(3) 355

直針繡
(3) 936

❥ 10種基礎針法

【直針繡（Straight Stitch）】

單針的刺繡針法。
以不同方向或長度的針目進行組合，即可變化出各種不同樣貌。

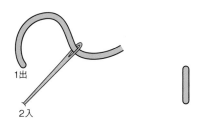

【平針繡（Running Stitch）】

以固定的幅度出針、入針進行的刺繡針法。
刺繡正面的針目若呈現長一點的線段時會比較漂亮。

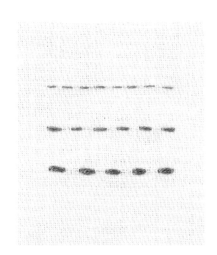

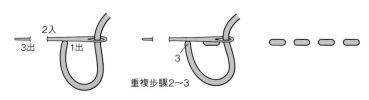

【輪廓繡（Outline Stitch）】

這個針法容易呈現輪廓等線條，是常見且經常使用的針法。
線條彎曲處以較小的針目來刺繡時，成品會更漂亮。

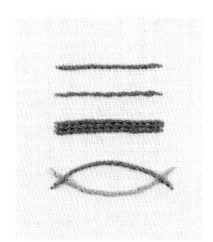

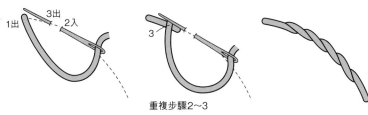

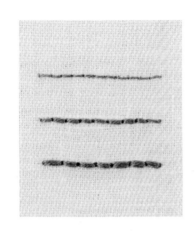

【回針繡 (Back Stitch)】

以回針縫技巧為基底,每一針都再往回入針後再往前。
能呈現一樣長度的針目所連結起來的線條。

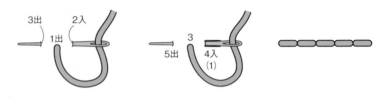

【緞面繡 (Satin Stitch)】

用於填滿面狀圖案的針法。
針目需要由一側跨到另一側,適合較小的圖案。

為了確定好刺繡的方向,
一般是從圖案最寬的位置
開始入針刺繡,
較容易操作。

一直繡到圖案的邊緣後,
從繡圖背面渡線穿針回到
中央繼續
繡另外
一半。

●若想要緞面繡呈現出
有厚度的立體感時

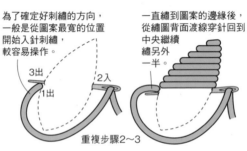

重複步驟2~3

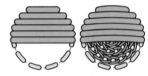

為了做出厚度,可以先用回針繡、
輪廓繡、平針繡、鎖鏈繡等針法,
先在圖案的輪廓或內部繡過一次,
再於其上進行緞面繡。

【長短針繡 (Long and short Stitch)】

在最初的一段先輪流以長及短的針目填滿圖案,第二段起則以相同長度的
針目依序填滿圖案,適用於想要填滿大面積的圖案時。

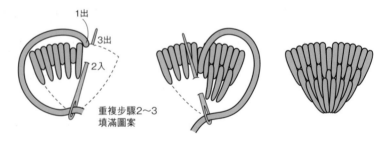

重複步驟2~3
填滿圖案

緞面繡與長短針繡能繡得漂亮的訣竅

＊正確地複寫圖案,套在刺繡框的底布務必確實拉緊使其平整(很基本,但非常重要)。
＊由圖案的正上方俯視,刺繡時要以直角出入針。
＊刺繡途中若繡線有糾結或鬆綻時,一定要先仔細整理線段後再繼續刺繡,成品會比較漂亮。
(如果放任不管,繡線會越來越細,就無法成功做出蓬鬆的立體感。)

【鎖鏈繡 (Chain Stitch)】

如鎖圈串連起來的針法,只要鎖圈的大小維持一致,繡完的圖案會更好看。

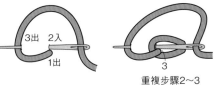

3出　2入
1出
重複步驟2~3
3

● 將鎖鏈繡的起始處與結束處連接起來

穿過下方

入針完成刺繡

【鎖鏈繡填滿 (Chain filling)】

● 以鎖鏈繡填滿圖案的作法

繡圓形圖案時,
由外側一圈一圈往內填滿圖案。

鎖鏈繡與鎖鏈繡填滿能繡得漂亮的訣竅

＊曲線部分以小一點、細緻一點的針目來製作,可以呈現較圓滑的曲度。

＊鎖鏈繡填滿需要繡得緊密且沒有空隙,所以下一針的入針處,要從前面繡好的針目旁邊,
　前移約半個針目長度的間隔位置入針,繡起來就不太會有空隙,成品也比較漂亮。

【法國結粒繡 (French Knot Stitch)】

將小的結連接在一起繡出圖案的針法。
以法國結粒繡來繡滿圖案時,會標示為「法國結粒繡填滿」。

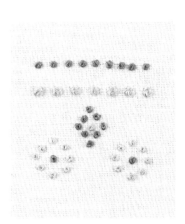

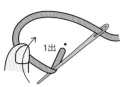

1出

將繡線繞在針上後把針尖朝上
※繞好所需的圈數。
(此示意圖為繞一圈)

2
1

2入
拉著線

※讓打結處靠緊根部後
再將繡線抽拉到底。

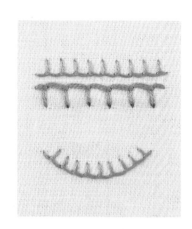

【毛邊繡（Blanket Stitch）】

經常應用在邊緣的針法。
將間隔縮小一點做刺繡時，則稱作「鈕眼繡」。

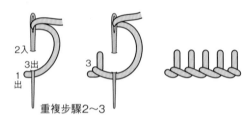

2入
3出
1出
重複步驟2～3

3

●針尖朝上時的作法

繡邊角的
POINT

刺繡時，邊角處最後經常會變成圓弧狀，是意料之外不容易做得漂亮的地方。
掌握以下要領，來做出完美的作品吧！

●輪廓繡

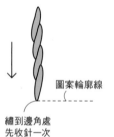

圖案輪廓線

繡到邊角處
先收針一次

3出
5出
2入
1出
4入

夾一針回針繡

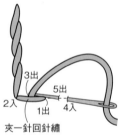

●鎖鏈繡

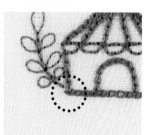

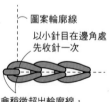

圖案輪廓線

以小針目在邊角處
先收針一次

1出　2入

會稍微超出輪廓線，
不過是可以讓成品更
漂亮的小訣竅。

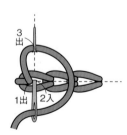

3
出

重複步驟2～3

圖案的閱讀方式

本書中刊載的圖案皆為實物大小。
如果想要放大圖案，
可以放大影印至喜歡的大小後再使用。

頁面的閱讀方式

該頁圖案所使用的繡線廠牌、底布，
以及其他注意事項。

※每一頁所使用的繡線廠牌有可能不一樣，
請仔細閱讀後再選用。

挑選出想要刺繡的圖案後，請參照 p10
的圖案複寫方式，將圖案提取出來製作。

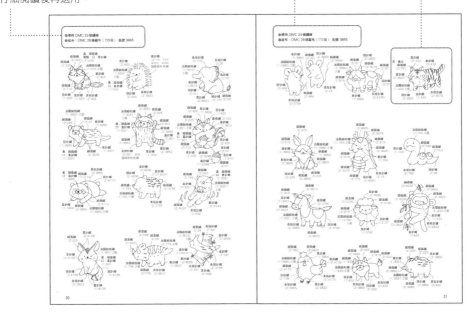

圖案的閱讀方式

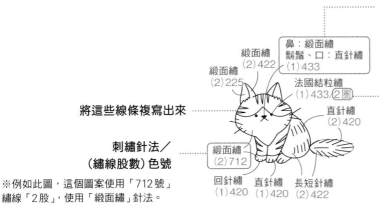

將這些線條複寫出來

刺繡針法／
（繡線股數）色號

※例如此圖，這個圖案使用「712 號」
繡線「2 股」，使用「緞面繡」針法。

使用同樣顏色、同樣股數繡線時，
會這樣標示。

※例如此圖，這個圖案使用「433 號」
繡線「1 股」，鼻子部位使用「緞面繡」，
鬍鬚及嘴巴的部位使用「直針繡」。

法國結粒繡時會標記線要繞幾圈。

●使用 COSMO 25 號繡線
●★為 p75 書袋所使用的繡線色號
●底布：COSMO 中麻布 11 號‧白色

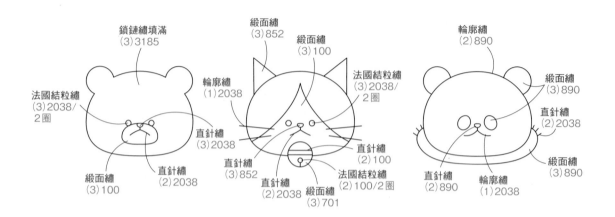

鎖鏈繡填滿
(3)3185

法國結粒繡
(3)2038/
2圈

輪廓繡
(1)2038

直針繡
(3)2038

直針繡
(2)2038

緞面繡
(3)100

緞面繡
(3)852

緞面繡
(3)100

直針繡
(3)852

直針繡
(2)2038

緞面繡
(3)701

法國結粒繡
(3)2038/
2圈

直針繡
(2)100

法國結粒繡
(2)100/2圈

輪廓繡
(2)890

緞面繡
(3)890

直針繡
(2)2038

緞面繡
(3)890

直針繡
(2)890

輪廓繡
(1)2038

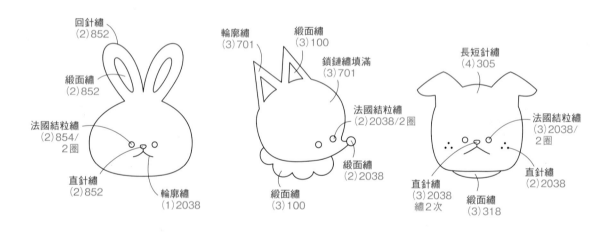

回針繡
(2)852

緞面繡
(2)852

法國結粒繡
(2)854/
2圈

直針繡
(2)852

輪廓繡
(1)2038

輪廓繡
(3)701

緞面繡
(3)100

鎖鏈繡填滿
(3)701

法國結粒繡
(2)2038/2圈

緞面繡
(2)2038

緞面繡
(3)100

長短針繡
(4)305

法國結粒繡
(3)2038/
2圈

直針繡
(2)2038

直針繡
(3)2038
繡2次

緞面繡
(3)318

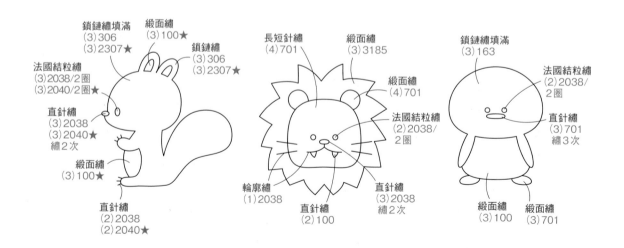

鎖鏈繡填滿
(3)306
(3)2307★

緞面繡
(3)100★

鎖鏈繡
(3)306
(3)2307★

法國結粒繡
(3)2038/2圈
(3)2040/2圈★

直針繡
(3)2038
(3)2040★
繡2次

緞面繡
(3)100★

直針繡
(2)2038
(2)2040★

長短針繡
(4)701

緞面繡
(3)3185

緞面繡
(4)701

法國結粒繡
(2)2038/
2圈

輪廓繡
(1)2038

直針繡
(2)100

直針繡
(3)2038
繡2次

鎖鏈繡填滿
(3)163

法國結粒繡
(2)2038/
2圈

直針繡
(3)701
繡3次

緞面繡
(3)100

緞面繡
(3)701

●使用 COSMO 25 號繡線
●底布：COSMO 中麻布 11 號・白色

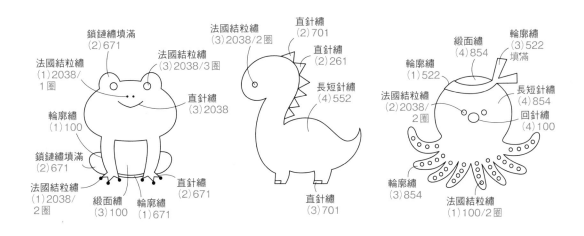

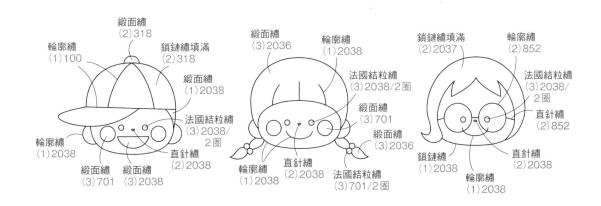

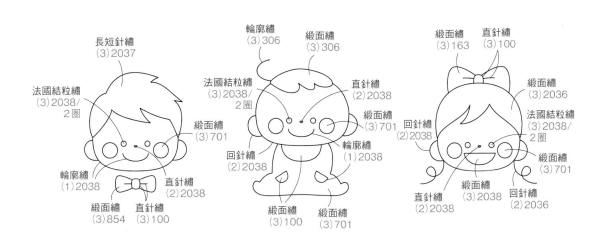

●使用 COSMO 25 號繡線
●底布：COSMO 中麻布 11 號‧白色

● 使用 COSMO 25 號繡線
● 底布：COSMO 中麻布 11 號・白色

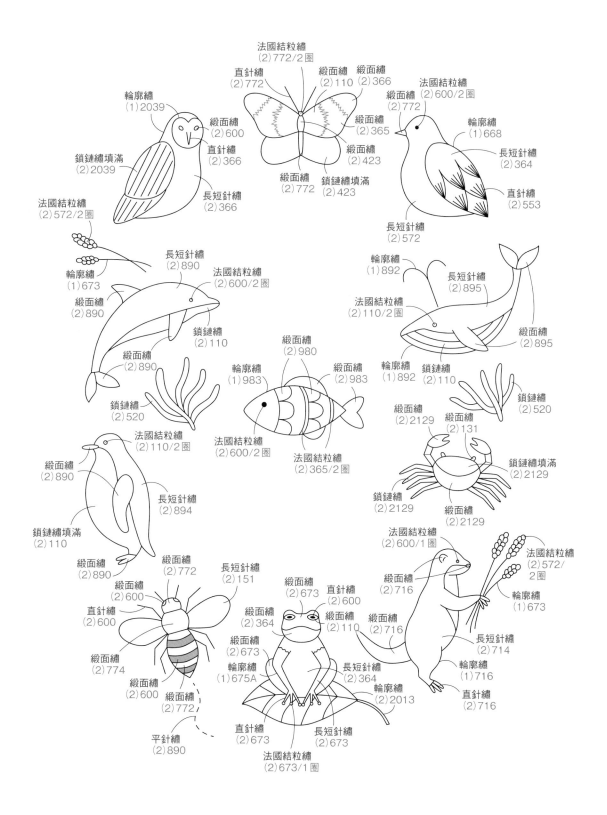

法國結粒繡
(2)772/2圈
直針繡
(2)772
輪廓繡
(1)2039
緞面繡
(2)110
緞面繡
(2)366
法國結粒繡
(2)600/2圈
緞面繡
(2)600
緞面繡
(2)772
輪廓繡
(1)668
緞面繡
(2)365
緞面繡
(2)423
直針繡
(2)366
鎖鏈繡填滿
(2)2039
長短針繡
(2)364
法國結粒繡
(2)572/2圈
長短針繡
(2)366
緞面繡
(2)772
鎖鏈繡填滿
(2)423
直針繡
(2)553
長短針繡
(2)572
長短針繡
(2)890
輪廓繡
(1)892
長短針繡
(2)895
輪廓繡
(1)673
法國結粒繡
(2)600/2圈
法國結粒繡
(2)110/2圈
緞面繡
(2)890
鎖鏈繡
(2)110
緞面繡
(2)980
緞面繡
(2)983
輪廓繡
(1)983
緞面繡
(2)895
緞面繡
(2)890
輪廓繡
(1)892
鎖鏈繡
(2)110
鎖鏈繡
(2)520
緞面繡
(2)2129
緞面繡
(2)131
鎖鏈繡
(2)520
鎖鏈繡
(2)890
法國結粒繡
(2)110/2圈
法國結粒繡
(2)600/2圈
法國結粒繡
(2)365/2圈
鎖鏈繡填滿
(2)2129
緞面繡
(2)890
長短針繡
(2)894
鎖鏈繡
(2)2129
緞面繡
(2)2129
鎖鏈繡填滿
(2)110
法國結粒繡
(2)600/1圈
法國結粒繡
(2)572/2圈
緞面繡
(2)890
緞面繡
(2)772
長短針繡
(2)151
緞面繡
(2)673
直針繡
(2)600
緞面繡
(2)716
輪廓繡
(1)673
緞面繡
(2)600
緞面繡
(2)364
緞面繡
(2)110
緞面繡
(2)716
直針繡
(2)600
緞面繡
(2)673
長短針繡
(2)714
緞面繡
(2)774
輪廓繡
(1)675A
長短針繡
(2)364
輪廓繡
(1)716
緞面繡
(2)600
輪廓繡
(2)2013
直針繡
(2)716
緞面繡
(2)772
平針繡
(2)890
直針繡
(2)673
長短針繡
(2)673
法國結粒繡
(2)673/1圈

●使用 DMC 25 號繡線
●底布：DMC 28 格麻布（110 目）· 色號 3865

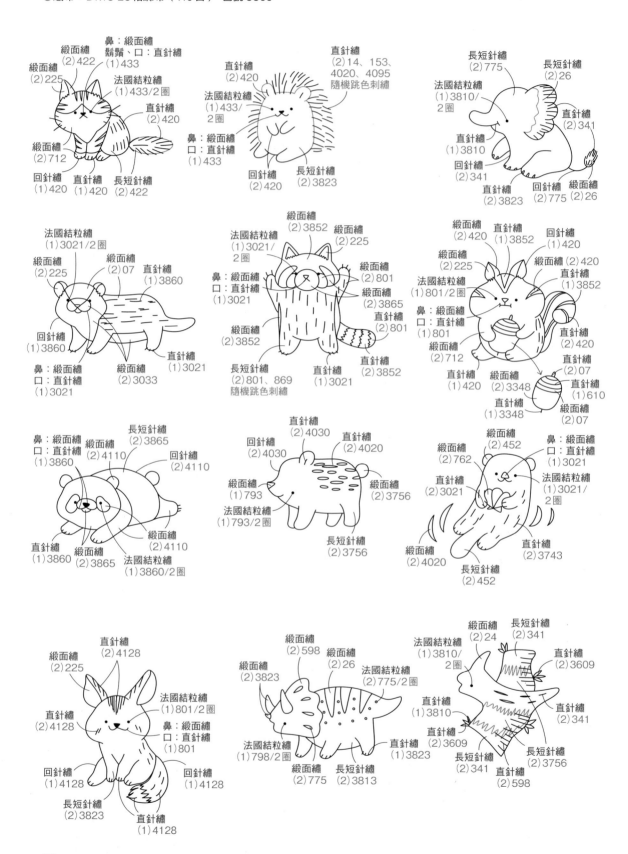

綢面繡
(2)225

綢面繡
(2)422

鼻：綢面繡
鬍鬚、口：直針繡
(1)433

直針繡
(2)420

法國結粒繡
(1)433/2圈

回針繡
(1)420

直針繡
(1)420

長短針繡
(2)422

綢面繡
(2)712

直針繡
(2)420

法國結粒繡
(1)433/
2圈

鼻：綢面繡
口：直針繡
(1)433

回針繡
(2)420

長短針繡
(2)3823

直針繡
(2)14、153、
4020、4095
隨機跳色刺繡

長短針繡
(2)775

長短針繡
(2)26

法國結粒繡
(1)3810/
2圈

直針繡
(2)341

直針繡
(1)3810

回針繡
(2)341

直針繡
(2)3823

回針繡
(2)775

綢面繡
(2)26

法國結粒繡
(1)3021/2圈

綢面繡
(2)225

綢面繡
(2)07

直針繡
(1)3860

回針繡
(1)3860

鼻：綢面繡
口：直針繡
(1)3021

綢面繡
(2)3033

直針繡
(1)3021

綢面繡
(2)3852

法國結粒繡
(1)3021/
2圈

綢面繡
(2)225

綢面繡
(2)801

綢面繡
(2)3865

直針繡
(2)801

綢面繡
(2)3852

長短針繡
(2)801、869
隨機跳色刺繡

直針繡
(1)3021

直針繡
(2)3852

綢面繡
(2)420

直針繡
(1)3852

回針繡
(1)420

綢面繡
(2)225

綢面繡 (2)420

法國結粒繡
(1)801/2圈

直針繡
(1)3852

鼻：綢面繡
口：直針繡
(1)801

直針繡
(2)420

綢面繡
(2)712

直針繡
(1)420

綢面繡
(2)3348

直針繡
(2)07

綢面繡
(2)3348

直針繡
(1)610

綢面繡
(2)07

鼻：綢面繡
口：直針繡
(1)3860

綢面繡
(2)4110

長短針繡
(2)3865

回針繡
(2)4110

直針繡
(1)3860

綢面繡
(2)3865

綢面繡
(2)4110

法國結粒繡
(1)3860/2圈

直針繡
(2)4030

直針繡
(2)4020

回針繡
(2)4030

綢面繡
(1)793

綢面繡
(2)3756

法國結粒繡
(1)793/2圈

長短針繡
(2)3756

綢面繡
(2)452

鼻：綢面繡
口：直針繡
(1)3021

綢面繡
(2)762

直針繡
(1)3021

法國結粒繡
(1)3021/
2圈

綢面繡
(2)4020

直針繡
(2)3743

長短針繡
(2)452

綢面繡
(2)225

直針繡
(2)4128

法國結粒繡
(1)801/2圈

鼻：綢面繡
口：直針繡
(1)801

直針繡
(2)4128

回針繡
(1)4128

回針繡
(1)4128

長短針繡
(2)3823

直針繡
(1)4128

綢面繡
(2)598

綢面繡
(2)3823

綢面繡
(2)26

法國結粒繡
(2)775/2圈

法國結粒繡
(1)798/2圈

綢面繡
(2)775

長短針繡
(2)3813

直針繡
(1)3823

綢面繡
(2)24

長短針繡
(2)341

法國結粒繡
(1)3810/
2圈

直針繡
(2)3609

直針繡
(1)3810

直針繡
(2)341

直針繡
(2)3609

長短針繡
(2)341

長短針繡
(2)3756

直針繡
(2)598

● 使用 DMC 25 號繡線
● 底布：DMC 28 格麻布（110 目）‧色號 3865

法國結粒繡
(1)3860/2圈
直針繡
(1)3860
緞面繡
(2)341
回針繡
(2)3609
輪廓繡
(2)3609
法國結粒繡
(1)3860/2圈
回針繡
(2)3820
緞面繡
(2)07
緞面繡
(2)3078
緞面繡
(2)07
回針繡
(2)964
緞面繡
(2)819
回針繡
(2)07
輪廓繡
(2)964
長短針繡
(2)24
直針繡
(1)3860
長短針繡
(2)ECRU
長短針繡
(2)3756

耳‧鼻尖：
緞面繡
(2)761
直針繡
(2)433
直針繡
(2)433
直針繡
(2)3820
法國結粒繡
(1)433/2圈
回針繡
(2)3820
直針繡
(1)433
長短針繡
(2)3078

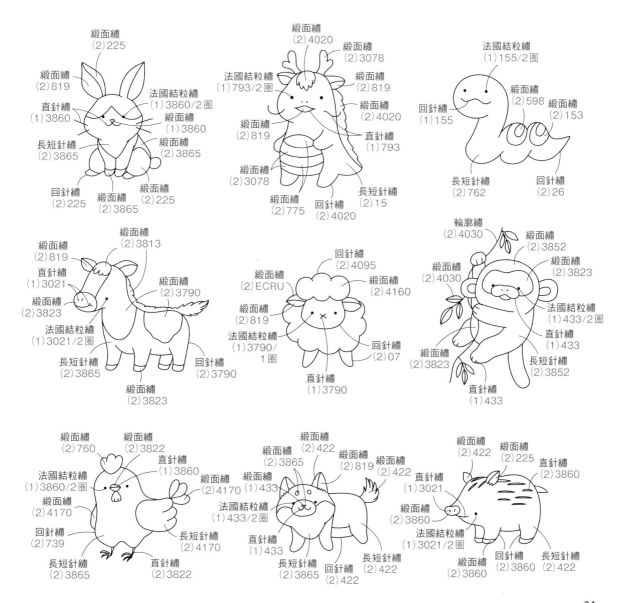

緞面繡
(2)225
緞面繡
(2)819
直針繡
(1)3860
法國結粒繡
(1)3860/2圈
緞面繡
(1)3860
緞面繡
(2)3865
長短針繡
(2)3865
回針繡
(2)225
緞面繡
(2)3865
緞面繡
(2)225

緞面繡
(2)4020
緞面繡
(2)3078
法國結粒繡
(1)793/2圈
緞面繡
(2)819
緞面繡
(2)4020
緞面繡
(2)819
直針繡
(1)793
緞面繡
(2)3078
緞面繡
(2)775
回針繡
(2)4020
長短針繡
(2)15

法國結粒繡
(1)155/2圈
緞面繡
(2)598
回針繡
(1)155
緞面繡
(2)153
長短針繡
(2)762
回針繡
(2)26

緞面繡
(2)819
緞面繡
(2)3813
直針繡
(1)3021
緞面繡
(2)3790
緞面繡
(2)3823
法國結粒繡
(1)3021/2圈
長短針繡
(2)3865
回針繡
(2)3790
緞面繡
(2)3823

緞面繡
(2)ECRU
回針繡
(2)4095
緞面繡
(2)4160
緞面繡
(2)819
法國結粒繡
(1)3790/1圈
回針繡
(2)07
直針繡
(1)3790

輪廓繡
(2)4030
緞面繡
(2)3852
緞面繡
(2)4030
緞面繡
(2)3823
法國結粒繡
(1)433/2圈
直針繡
(1)433
緞面繡
(2)3823
長短針繡
(2)3852
直針繡
(1)433

緞面繡
(2)760
緞面繡
(2)3822
直針繡
(1)3860
法國結粒繡
(1)3860/2圈
緞面繡
(2)4170
緞面繡
(2)4170
回針繡
(2)739
長短針繡
(2)4170
長短針繡
(2)3865
直針繡
(2)3822

緞面繡
(2)422
緞面繡
(2)3865
緞面繡
(2)819
緞面繡
(2)422
緞面繡
(2)422
直針繡
(1)433
法國結粒繡
(1)433/2圈
直針繡
(1)433
長短針繡
(2)3865
回針繡
(2)422
長短針繡
(2)422

緞面繡
(2)422
緞面繡
(2)225
直針繡
(2)3860
直針繡
(1)3021
緞面繡
(2)3860
法國結粒繡
(1)3021/2圈
緞面繡
(2)3860
回針繡
(2)3860
長短針繡
(2)422

動物和植物　　圖案・刺繡設計／moha._.moha

※作品照片為實物大小的 68.5％

用具提供／左上・左下：Clover 可樂牌　右中央：DMC

●使用 DMC 25 號繡線
●花朵圖案為 p33（35）圖案的組合
●底布：DMC 28 格麻布（110 目）‧色號 784、3865、312

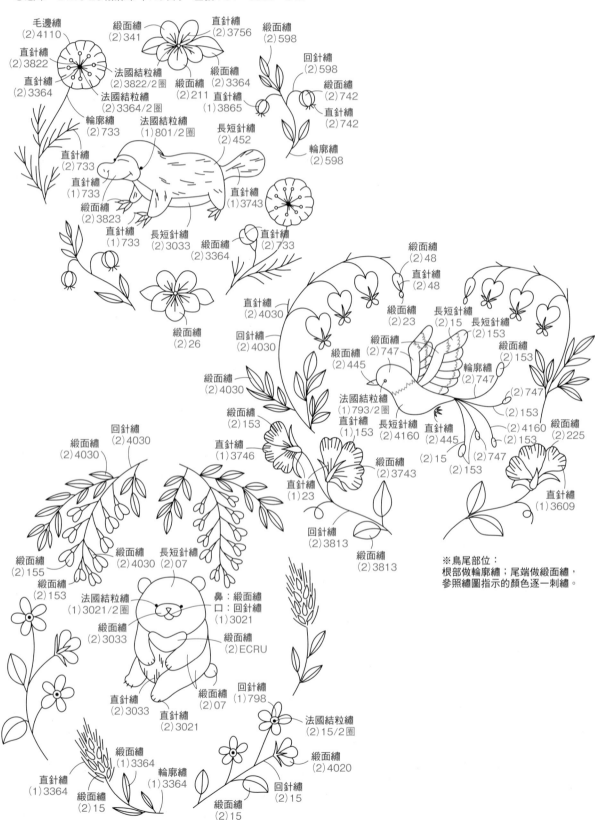

毛邊繡
(2)4110

直針繡
(2)3822

直針繡
(2)3364

綬面繡
(2)341

直針繡
(2)3756

綬面繡
(2)598

法國結粒繡
(2)3822/2圈

綬面繡
(2)3364

回針繡
(2)598

綬面繡
(2)742

法國結粒繡
(2)3364/2圈

綬面繡
(2)211

直針繡
(1)3865

直針繡
(2)742

輪廓繡
(2)733

法國結粒繡
(1)801/2圈

長短針繡
(2)452

輪廓繡
(2)598

直針繡
(2)733

直針繡
(1)733

綬面繡
(2)3823

直針繡
(1)3743

直針繡
(1)733

長短針繡
(2)3033

綬面繡
(2)3364

直針繡
(2)733

綬面繡
(2)26

綬面繡
(2)48

直針繡
(2)48

直針繡
(2)4030

綬面繡
(2)23

長短針繡
(2)15

長短針繡
(2)153

回針繡
(2)4030

綬面繡
(2)747

綬面繡
(2)445

綬面繡
(2)153

綬面繡
(2)4030

法國結粒繡
(1)793/2圈

輪廓繡
(2)747

(2)747

綬面繡
(2)153

直針繡
(1)153

長短針繡
(2)4160

直針繡
(2)445

(2)153

(2)4160

綬面繡
(2)225

綬面繡
(2)4030

直針繡
(1)3746

綬面繡
(2)3743

(2)15

(2)747

(2)153

綬面繡
(2)155

綬面繡
(2)4030

長短針繡
(2)07

直針繡
(1)23

直針繡
(1)3609

綬面繡
(2)153

法國結粒繡
(1)3021/2圈

鼻：綬面繡
口：回針繡
(1)3021

回針繡
(2)3813

綬面繡
(2)3813

綬面繡
(2)3033

綬面繡
(2)ECRU

直針繡
(2)3033

綬面繡
(2)07

回針繡
(1)798

直針繡
(2)3021

法國結粒繡
(2)15/2圈

綬面繡
(1)3364

輪廓繡
(1)3364

回針繡
(2)15

綬面繡
(2)4020

直針繡
(1)3364

綬面繡
(2)15

綬面繡
(2)15

※鳥尾部位：
根部做輪廓繡；尾端做綬面繡，
參照繡圖指示的顏色逐一刺繡。

34

●使用 DMC 25 號繡線
●底布：DMC 28 格麻布（110 目）‧色號 3865

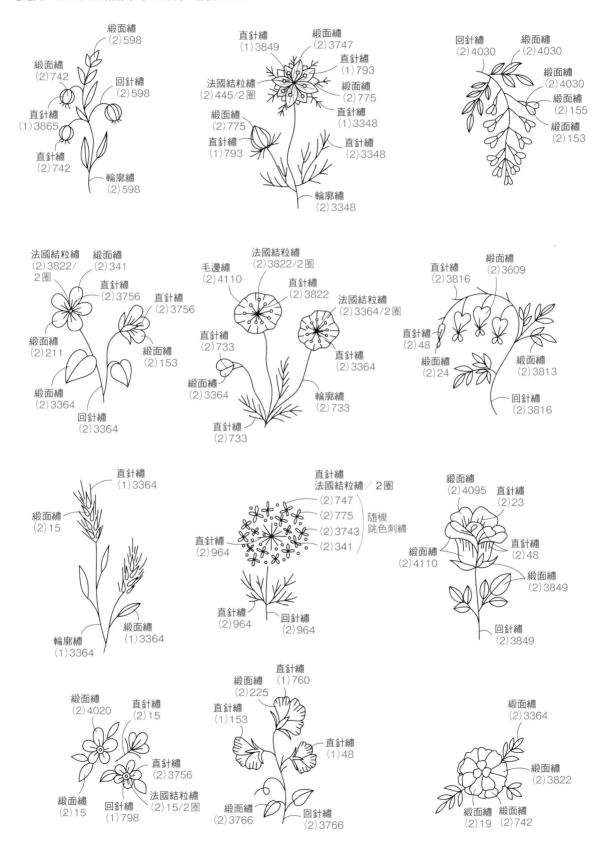

緞面繡
(2) 598

緞面繡
(2) 742

回針繡
(2) 598

直針繡
(1) 3865

直針繡
(2) 742

輪廓繡
(2) 598

直針繡
(1) 3849

緞面繡
(2) 3747

直針繡
(1) 793

法國結粒繡
(2) 445/2 圈

緞面繡
(2) 775

緞面繡
(2) 775

直針繡
(1) 3348

直針繡
(1) 793

直針繡
(2) 3348

輪廓繡
(2) 3348

回針繡
(2) 4030

緞面繡
(2) 4030

緞面繡
(2) 4030

緞面繡
(2) 155

緞面繡
(2) 153

法國結粒繡
(2) 3822/
2 圈

緞面繡
(2) 341

直針繡
(2) 3756

直針繡
(2) 3756

緞面繡
(2) 211

緞面繡
(2) 153

緞面繡
(2) 3364

回針繡
(2) 3364

毛邊繡
(2) 4110

法國結粒繡
(2) 3822/2 圈

直針繡
(2) 3822

法國結粒繡
(2) 3364/2 圈

直針繡
(2) 733

直針繡
(2) 3364

緞面繡
(2) 3364

輪廓繡
(2) 733

直針繡
(2) 733

直針繡
(2) 3816

緞面繡
(2) 3609

直針繡
(2) 48

緞面繡
(2) 24

緞面繡
(2) 3813

回針繡
(2) 3816

直針繡
(1) 3364

緞面繡
(2) 15

輪廓繡
(1) 3364

緞面繡
(1) 3364

直針繡
法國結粒繡／ 2 圈

(2) 747

(2) 775

(2) 3743

(2) 341

隨機
跳色刺繡

直針繡
(2) 964

直針繡
(2) 964

回針繡
(2) 964

緞面繡
(2) 4095

直針繡
(2) 23

直針繡
(2) 48

緞面繡
(2) 4110

緞面繡
(2) 3849

回針繡
(2) 3849

緞面繡
(2) 4020

直針繡
(2) 15

直針繡
(2) 3756

緞面繡
(2) 15

回針繡
(1) 798

法國結粒繡
(2) 15/2 圈

直針繡
(1) 760

緞面繡
(2) 225

直針繡
(1) 153

直針繡
(1) 48

緞面繡
(2) 3766

回針繡
(2) 3766

緞面繡
(2) 3364

緞面繡
(2) 3822

緞面繡
(2) 19

緞面繡
(2) 742

●使用 COSMO 25 號繡線
●底布：COSMO 自由刺繡用棉布 33 號・粉紅色

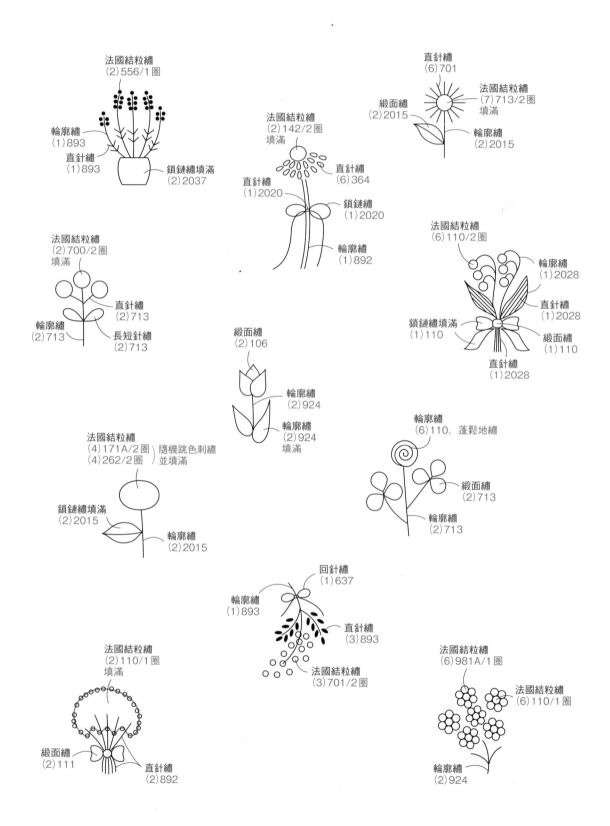

法國結粒繡
(2)556/1圈

輪廓繡
(1)893

直針繡
(1)893

鎖鏈繡填滿
(2)2037

法國結粒繡
(2)142/2圈
填滿

直針繡
(1)2020

直針繡
(6)364

鎖鏈繡
(1)2020

輪廓繡
(1)892

直針繡
(6)701

緞面繡
(2)2015

法國結粒繡
(7)713/2圈
填滿

輪廓繡
(2)2015

法國結粒繡
(2)700/2圈
填滿

輪廓繡
(2)713

直針繡
(2)713

長短針繡
(2)713

法國結粒繡
(6)110/2圈

輪廓繡
(1)2028

直針繡
(1)2028

鎖鏈繡填滿
(1)110

緞面繡
(1)110

直針繡
(1)2028

緞面繡
(2)106

輪廓繡
(2)924

輪廓繡
(2)924
填滿

輪廓繡
(6)110、蓬鬆地繡

緞面繡
(2)713

輪廓繡
(2)713

法國結粒繡
(4)171A/2圈 } 隨機跳色刺繡
(4)262/2圈 } 並填滿

鎖鏈繡填滿
(2)2015

輪廓繡
(2)2015

回針繡
(1)637

輪廓繡
(1)893

直針繡
(3)893

法國結粒繡
(3)701/2圈

法國結粒繡
(2)110/1圈
填滿

緞面繡
(2)111

直針繡
(2)892

法國結粒繡
(6)981A/1圈

法國結粒繡
(6)110/1圈

輪廓繡
(2)924

●使用 COSMO 25號繡線
●底布：COSMO 自由刺繡用棉布 39號・橄欖綠

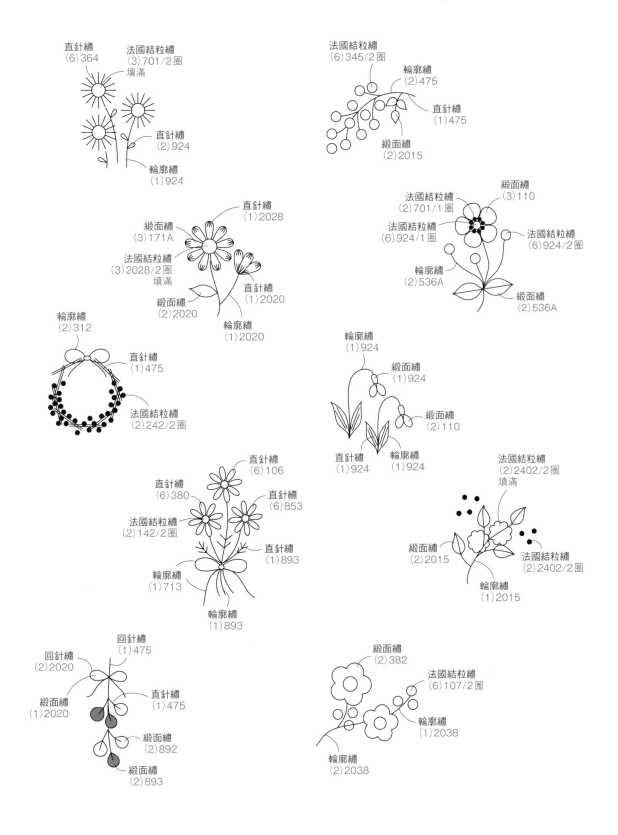

直針繡
(6)364

法國結粒繡
(3)701/2圈
填滿

直針繡
(2)924

輪廓繡
(1)924

法國結粒繡
(6)345/2圈

輪廓繡
(2)475

直針繡
(1)475

緞面繡
(2)2015

直針繡
(1)2028

緞面繡
(3)171A

法國結粒繡
(3)2028/2圈
填滿

緞面繡
(2)2020

直針繡
(1)2020

輪廓繡
(1)2020

緞面繡
(3)110

法國結粒繡
(2)701/1圈

法國結粒繡
(6)924/1圈

法國結粒繡
(6)924/2圈

輪廓繡
(2)536A

緞面繡
(2)536A

輪廓繡
(2)312

直針繡
(1)475

法國結粒繡
(2)242/2圈

輪廓繡
(1)924

緞面繡
(1)924

緞面繡
(2)110

直針繡
(1)924

輪廓繡
(1)924

直針繡
(6)106

直針繡
(6)380

直針繡
(6)853

法國結粒繡
(2)142/2圈

直針繡
(1)893

輪廓繡
(1)713

輪廓繡
(1)893

法國結粒繡
(2)2402/2圈
填滿

緞面繡
(2)2015

法國結粒繡
(2)2402/2圈

輪廓繡
(1)2015

回針繡
(1)475

回針繡
(2)2020

直針繡
(1)475

緞面繡
(1)2020

緞面繡
(2)892

緞面繡
(2)893

緞面繡
(2)382

法國結粒繡
(6)107/2圈

輪廓繡
(1)2038

輪廓繡
(2)2038

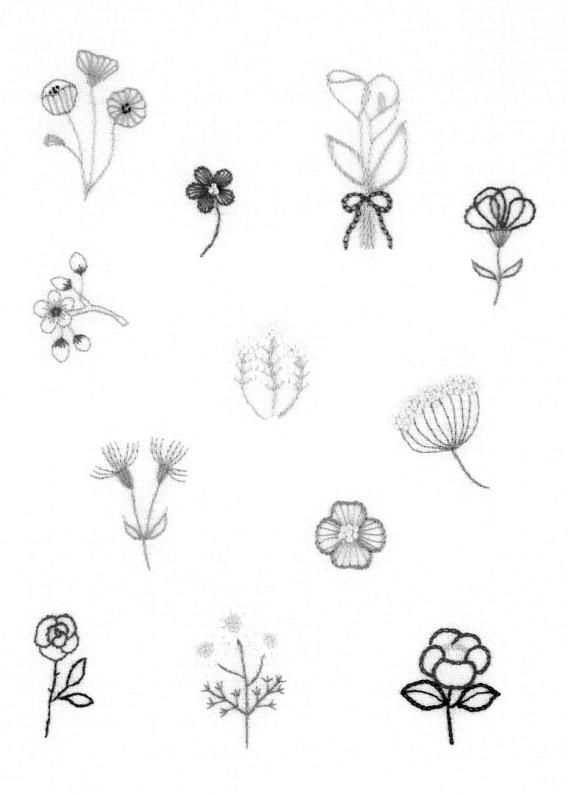

●使用 COSMO 25號繡線
●底布：COSMO 中麻布 11 號・白色

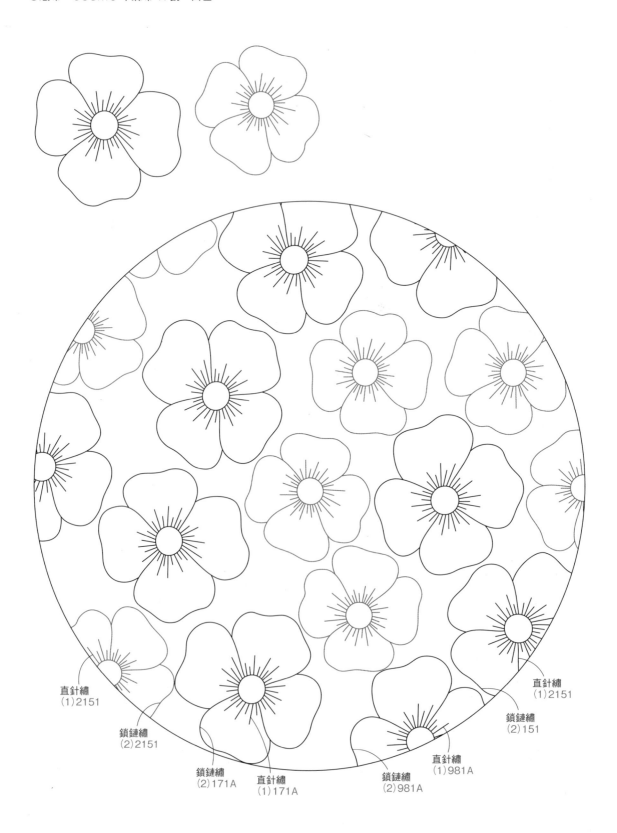

直針繡
(1)2151

鎖鏈繡
(2)2151

鎖鏈繡
(2)171A

直針繡
(1)171A

鎖鏈繡
(2)981A

直針繡
(1)981A

鎖鏈繡
(2)151

直針繡
(1)2151

●使用 COSMO 25 號繡線
●底布：COSMO 中麻布 11 號・白色

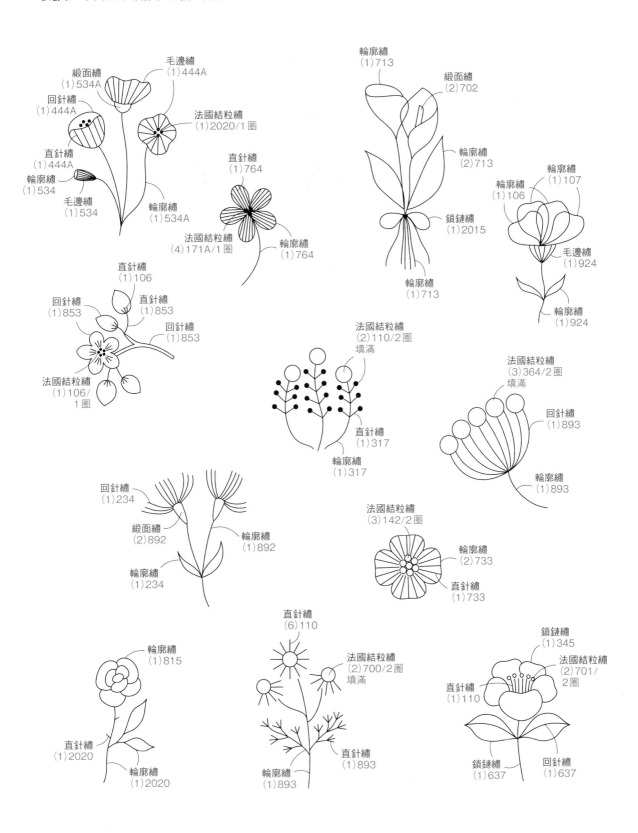

綴面繡
(1)534A

毛邊繡
(1)444A

回針繡
(1)444A

法國結粒繡
(1)2020/1 圈

直針繡
(1)444A

輪廓繡
(1)534

直針繡
(1)764

毛邊繡
(1)534

輪廓繡
(1)534A

法國結粒繡
(4)171A/1 圈

輪廓繡
(1)764

輪廓繡
(1)713

綴面繡
(2)702

輪廓繡
(2)713

鎖鏈繡
(1)2015

輪廓繡
(1)107

輪廓繡
(1)106

毛邊繡
(1)924

輪廓繡
(1)713

輪廓繡
(1)924

直針繡
(1)106

回針繡
(1)853

直針繡
(1)853

回針繡
(1)853

法國結粒繡
(1)106/
1 圈

法國結粒繡
(2)110/2 圈
填滿

法國結粒繡
(3)364/2 圈
填滿

回針繡
(1)893

直針繡
(1)317

輪廓繡
(1)317

輪廓繡
(1)893

回針繡
(1)234

綴面繡
(2)892

輪廓繡
(1)892

輪廓繡
(1)234

法國結粒繡
(3)142/2 圈

輪廓繡
(2)733

直針繡
(1)733

輪廓繡
(1)815

直針繡
(6)110

法國結粒繡
(2)700/2 圈
填滿

鎖鏈繡
(1)345

法國結粒繡
(2)701/
2 圈

直針繡
(1)110

直針繡
(1)2020

直針繡
(1)893

輪廓繡
(1)2020

輪廓繡
(1)893

鎖鏈繡
(1)637

回針繡
(1)637

●使用 DMC 25 號繡線
●★為 p74 化妝包使用的繡線色號
●底布：麻布

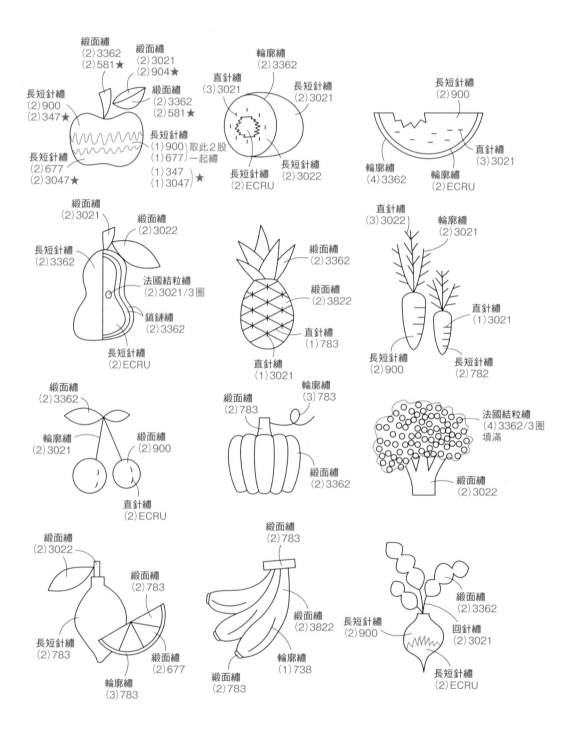

緞面繡
(2)3362
(2)581★

緞面繡
(2)3021
(2)904★

緞面繡
(2)3362
(2)581★

長短針繡
(2)900
(2)347★

長短針繡
(1)900
(1)677 } 取此2股一起繡
(1)347
(1)3047★

長短針繡
(2)677
(2)3047★

輪廓繡
(2)3362

直針繡
(3)3021

長短針繡
(2)3021

長短針繡
(2)ECRU

長短針繡
(2)3022

長短針繡
(2)900

輪廓繡
(4)3362

直針繡
(3)3021

輪廓繡
(2)ECRU

緞面繡
(2)3021

緞面繡
(2)3022

長短針繡
(2)3362

法國結粒繡
(2)3021/3圈

鎖鏈繡
(2)3362

長短針繡
(2)ECRU

緞面繡
(2)3362

緞面繡
(2)3822

直針繡
(1)783

直針繡
(1)3021

直針繡
(3)3022

輪廓繡
(2)3021

直針繡
(1)3021

長短針繡
(2)900

長短針繡
(2)782

緞面繡
(2)3362

輪廓繡
(2)3021

緞面繡
(2)900

直針繡
(2)ECRU

緞面繡
(2)783

輪廓繡
(3)783

緞面繡
(2)3362

法國結粒繡
(4)3362/3圈
填滿

緞面繡
(2)3022

緞面繡
(2)3022

緞面繡
(2)783

長短針繡
(2)783

緞面繡
(2)677

輪廓繡
(3)783

緞面繡
(2)783

緞面繡
(2)3822

輪廓繡
(1)738

緞面繡
(2)783

長短針繡
(2)900

緞面繡
(2)3362

回針繡
(2)3021

長短針繡
(2)ECRU

●使用DMC 25號繡線
●底布：麻布

直針繡
(6)3865
緞面繡
(2)900
輪廓繡
(2)823
長短針繡
(2)ECRU
直針繡
(1)823
緞面繡
(2)ECRU

緞面繡
(2)433
直針繡
(2)900

輪廓繡
(2)167
緞面繡
(2)3347
緞面繡
(2)3799
直針繡
(1)648

緞面繡
(2)167
緞面繡
(2)3347

輪廓繡
(2)3799
鎖鏈繡填滿
(2)3865
緞面繡
(2)3821
緞面繡
(2)3799
緞面繡
(2)782

直針繡
(6)3865
緞面繡
(2)310

緞面繡
(2)ECRU
鎖鏈繡
(2)3347
鎖鏈繡填滿
(2)ECRU
輪廓繡
(2)900
鎖鏈繡
(2)3821

長短針繡
(2)167
緞面繡
(2)433

直針繡
(2)167
緞面繡
(2)433

緞面繡
(2)3821
直針繡
(2)900
回針繡
(2)ECRU
長短針繡
(2)900
緞面繡
(2)900

長短針繡
(2)782
直針繡
(2)ECRU
緞面繡
(2)900
輪廓繡
(2)3821
緞面繡
(2)3031
緞面繡
(2)3347

緞面繡
(2)ECRU
緞面繡
(2)900
直針繡
(2)3821
緞面繡
(2)3347
輪廓繡
(1)823
回針繡
(2)3347

47

節慶　圖案‧刺繡設計／moha._.moha

●使用 DMC 25號繡線
●底布：DMC 28格麻布（110目）‧色號 3865

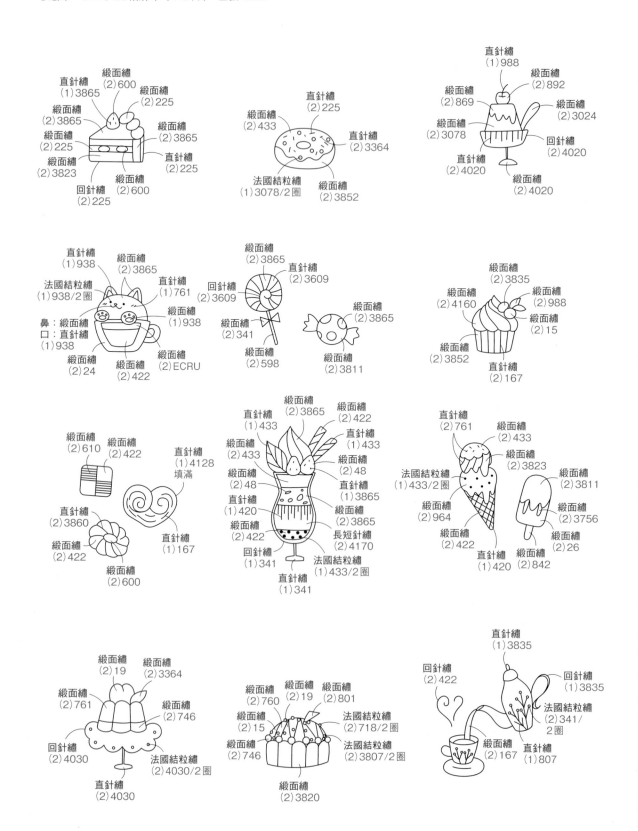

直針繡
(1)3865
緞面繡
(2)600
緞面繡
(2)225
緞面繡
(2)3865
緞面繡
(2)225
緞面繡
(2)3865
緞面繡
(2)3823
直針繡
(2)225
緞面繡
(2)600
回針繡
(2)225

直針繡
(2)225
緞面繡
(2)433
直針繡
(2)3364
法國結粒繡
(1)3078/2圈
緞面繡
(2)3852

直針繡
(1)988
緞面繡
(2)892
緞面繡
(2)869
緞面繡
(2)3024
緞面繡
(2)3078
回針繡
(2)4020
直針繡
(2)4020
緞面繡
(2)4020

直針繡
(1)938
緞面繡
(2)3865
法國結粒繡
(1)938/2圈
直針繡
(1)761
鼻：緞面繡
口：直針繡
(1)938
緞面繡
(1)938
緞面繡
(2)24
緞面繡
(2)422
緞面繡
(2)ECRU

緞面繡
(2)3865
直針繡
(2)3609
回針繡
(2)3609
緞面繡
(2)3865
緞面繡
(2)341
緞面繡
(2)598
緞面繡
(2)3811

緞面繡
(2)3835
緞面繡
(2)4160
緞面繡
(2)988
緞面繡
(2)15
緞面繡
(2)3852
直針繡
(2)167

緞面繡
(2)610
緞面繡
(2)422
直針繡
(1)4128
填滿
直針繡
(2)3860
緞面繡
(2)422
緞面繡
(2)600
直針繡
(1)167

緞面繡
(2)3865
直針繡
(1)433
緞面繡
(2)422
直針繡
(1)433
緞面繡
(2)433
緞面繡
(2)48
緞面繡
(2)48
直針繡
(1)3865
直針繡
(1)420
緞面繡
(2)3865
緞面繡
(2)422
長短針繡
(2)4170
回針繡
(1)341
法國結粒繡
(1)433/2圈
直針繡
(1)341

直針繡
(2)761
緞面繡
(2)433
緞面繡
(2)3823
法國結粒繡
(1)433/2圈
緞面繡
(2)3811
緞面繡
(2)964
緞面繡
(2)3756
緞面繡
(2)422
緞面繡
(2)26
直針繡
(1)420
緞面繡
(2)842

緞面繡
(2)19
緞面繡
(2)3364
緞面繡
(2)761
緞面繡
(2)746
回針繡
(2)4030
法國結粒繡
(2)4030/2圈
直針繡
(2)4030

緞面繡
(2)760
緞面繡
(2)19
緞面繡
(2)801
緞面繡
(2)15
法國結粒繡
(2)718/2圈
緞面繡
(2)746
法國結粒繡
(2)3807/2圈
緞面繡
(2)3820

直針繡
(1)3835
回針繡
(2)422
回針繡
(1)3835
法國結粒繡
(2)341/
2圈
緞面繡
(2)167
直針繡
(1)807

●使用 DMC 25 號繡線
●底布：DMC 28 格麻布（110 目）・色號 3865

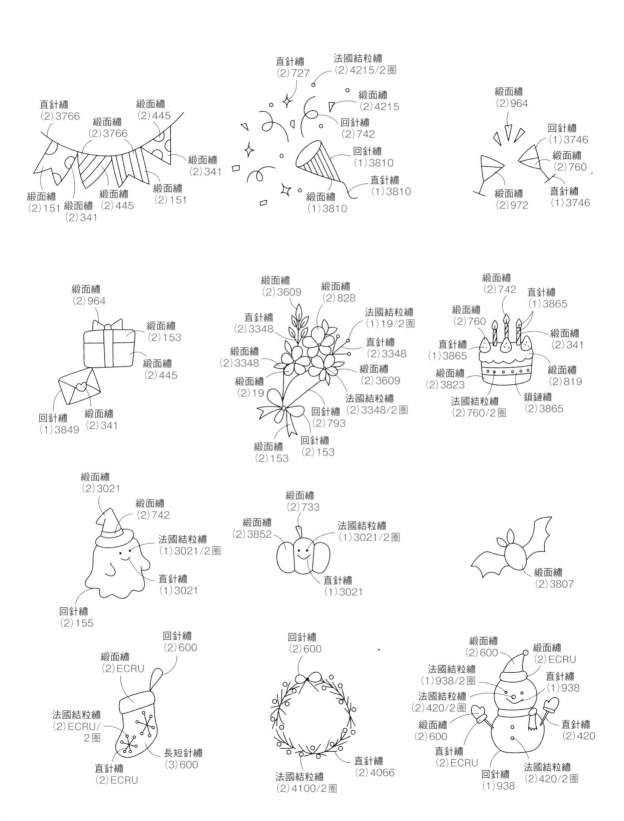

直針繡
(2)727

法國結粒繡
(2)4215/2圈

直針繡
(2)3766

緞面繡
(2)3766

緞面繡
(2)445

緞面繡
(2)4215

回針繡
(2)742

緞面繡
(2)341

緞面繡
(2)151

緞面繡
(2)341

緞面繡
(2)445

緞面繡
(2)151

回針繡
(1)3810

直針繡
(1)3810

緞面繡
(1)3810

緞面繡
(2)964

回針繡
(1)3746

緞面繡
(2)760

緞面繡
(2)972

直針繡
(1)3746

緞面繡
(2)964

緞面繡
(2)153

緞面繡
(2)445

回針繡
(1)3849

緞面繡
(2)341

緞面繡
(2)3609

緞面繡
(2)828

直針繡
(2)3348

法國結粒繡
(1)19/2圈

直針繡
(2)3348

緞面繡
(2)3348

緞面繡
(2)3609

緞面繡
(2)19

法國結粒繡
(2)3348/2圈

回針繡
(2)793

緞面繡
(2)153

回針繡
(2)153

緞面繡
(2)742

直針繡
(1)3865

緞面繡
(2)760

緞面繡
(2)341

直針繡
(1)3865

緞面繡
(2)3823

緞面繡
(2)819

法國結粒繡
(2)760/2圈

鎖鏈繡
(2)3865

緞面繡
(2)3021

緞面繡
(2)742

法國結粒繡
(1)3021/2圈

直針繡
(1)3021

回針繡
(2)155

緞面繡
(2)733

緞面繡
(2)3852

法國結粒繡
(1)3021/2圈

直針繡
(1)3021

緞面繡
(2)3807

回針繡
(2)600

緞面繡
(2)ECRU

法國結粒繡
(2)ECRU/
2圈

直針繡
(2)ECRU

長短針繡
(3)600

回針繡
(2)600

法國結粒繡
(2)4100/2圈

直針繡
(2)4066

緞面繡
(2)600

緞面繡
(2)ECRU

法國結粒繡
(1)938/2圈

直針繡
(1)938

法國結粒繡
(2)420/2圈

緞面繡
(2)600

直針繡
(2)ECRU

直針繡
(2)420

回針繡
(1)938

法國結粒繡
(2)420/2圈

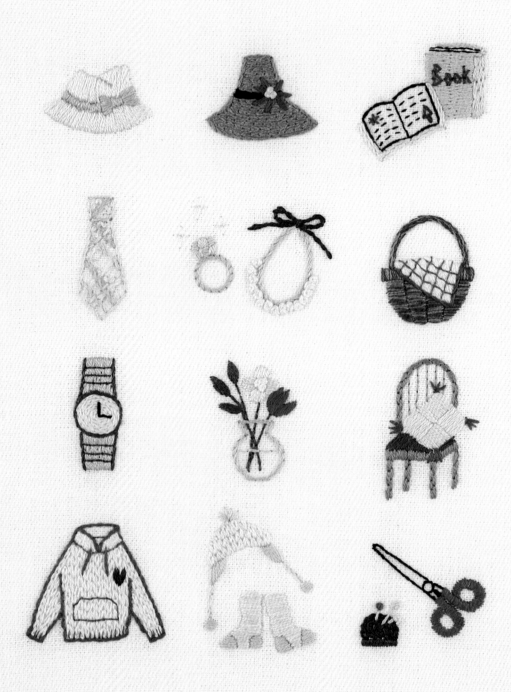

緞面繡
(2)3822
緞面繡
(2)648

輪廓繡
(2)167
緞面繡
(2)3371
鎖鏈繡填滿
(2)167
直針繡
(3)350
法國結粒繡
(3)3822/2圈

輪廓繡
(2)3766
回針繡
(1)3371
平針繡
(1)3371
輪廓繡
(1)3371
B o o k
回針繡
(2)350
長短針繡
(2)3766
直針繡
(2)350
緞面繡
(2)433
直針繡
(2)936
回針繡
(1)3371
輪廓繡
(2)3822

輪廓繡
(1)3766
回針繡
(2)3822
輪廓繡
(2)3766
輪廓繡
(2)ECRU
輪廓繡
(2)648

直針繡
(2)3822
緞面繡
(2)3766
輪廓繡
(2)648

輪廓繡
(2)3750
輪廓繡
(2)648
法國結粒繡
(6)ECRU/2圈

輪廓繡
(1)433 }取此2股
(1)167 }一起繡
緞面繡
(2)ECRU
緞面繡
(1)433 }取此2股
(1)167 }一起繡
輪廓繡
(2)350

長短針繡
(2)648
輪廓繡
(2)936
回針繡
(1)936
鎖鏈繡填滿
(2)ECRU
直針繡
(2)3371

緞面繡
(2)936
緞面繡
(2)3822
法國結粒繡
(2)ECRU/2圈
緞面繡
(2)350
輪廓繡
(2)936
輪廓繡
(2)648
回針繡
(2)3766

直針繡
(2)350
緞面繡
(2)936
回針繡
(4)167
緞面繡
(2)3822
緞面繡
(4)167
回針繡
(4)167

鎖鏈繡填滿
(2)ECRU
輪廓繡
(2)350
直針繡
(1)350
回針繡
(1)350
回針繡
(1)350
直針繡
(2)350
緞面繡
(2)3750

直針繡
(2)3766
鎖鏈繡填滿
(1)ECRU }取此2股
(1)3822 }一起繡
輪廓繡
(2)3766
緞面繡
(2)3766
緞面繡
(2)3766
緞面繡
(1)ECRU }取此2股
(1)3822 }一起繡

輪廓繡
(1)3371
法國結粒繡/4圈
(2)3766 (2)
(2)350   3822
緞面繡
(2)350
鎖鏈繡填滿
(2)3750
緞面繡
(2)433
直針繡
(2)648

●使用 DMC 25 號繡線
●底布：麻布

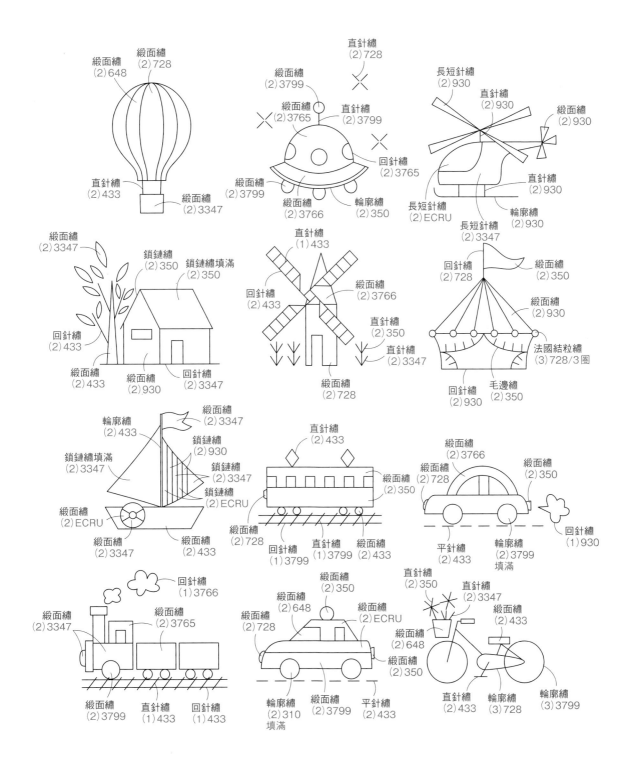

●使用 COSMO 25 號繡線
●底布：COSMO 中麻布 21 號‧米色、自由刺繡用棉布 31 號‧煙燻藍、93 號‧亮灰色

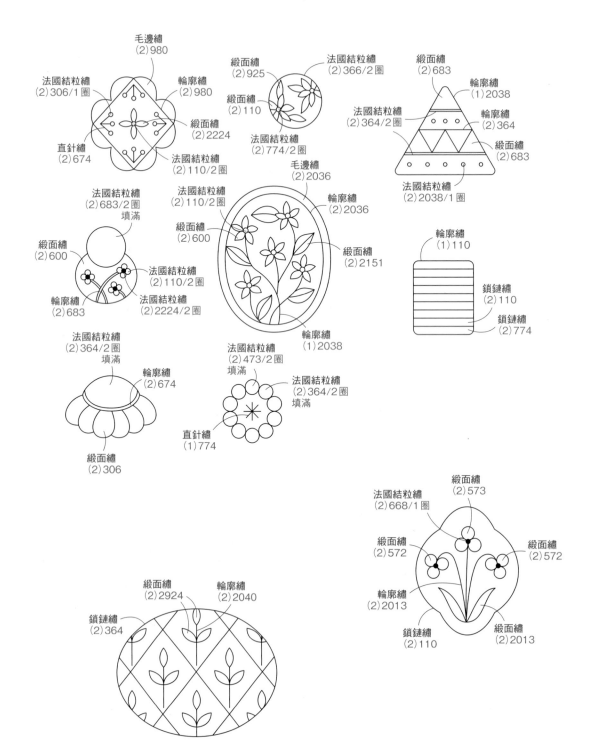

毛邊繡
(2)980

法國結粒繡
(2)306/1圈

輪廓繡
(2)980

直針繡
(2)674

緞面繡
(2)2224

法國結粒繡
(2)110/2圈

緞面繡
(2)925

法國結粒繡
(2)366/2圈

緞面繡
(2)110

法國結粒繡
(2)774/2圈

緞面繡
(2)683

輪廓繡
(1)2038

法國結粒繡
(2)364/2圈

輪廓繡
(2)364

緞面繡
(2)683

法國結粒繡
(2)2038/1圈

法國結粒繡
(2)683/2圈
填滿

緞面繡
(2)600

法國結粒繡
(2)110/2圈

法國結粒繡
(2)110/2圈

緞面繡
(2)600

法國結粒繡
(2)2224/2圈

輪廓繡
(2)683

毛邊繡
(2)2036

輪廓繡
(2)2036

緞面繡
(2)2151

輪廓繡
(1)2038

輪廓繡
(1)110

鎖鏈繡
(2)110

鎖鏈繡
(2)774

法國結粒繡
(2)364/2圈
填滿

輪廓繡
(2)674

緞面繡
(2)306

法國結粒繡
(2)473/2圈
填滿

法國結粒繡
(2)364/2圈
填滿

直針繡
(1)774

法國結粒繡
(2)668/1圈

緞面繡
(2)573

緞面繡
(2)572

緞面繡
(2)572

輪廓繡
(2)2013

鎖鏈繡
(2)110

緞面繡
(2)2013

緞面繡
(2)2924

輪廓繡
(2)2040

鎖鏈繡
(2)364

●使用 COSMO 25號繡線
●底布：COSMO 中麻布 11 號・白色

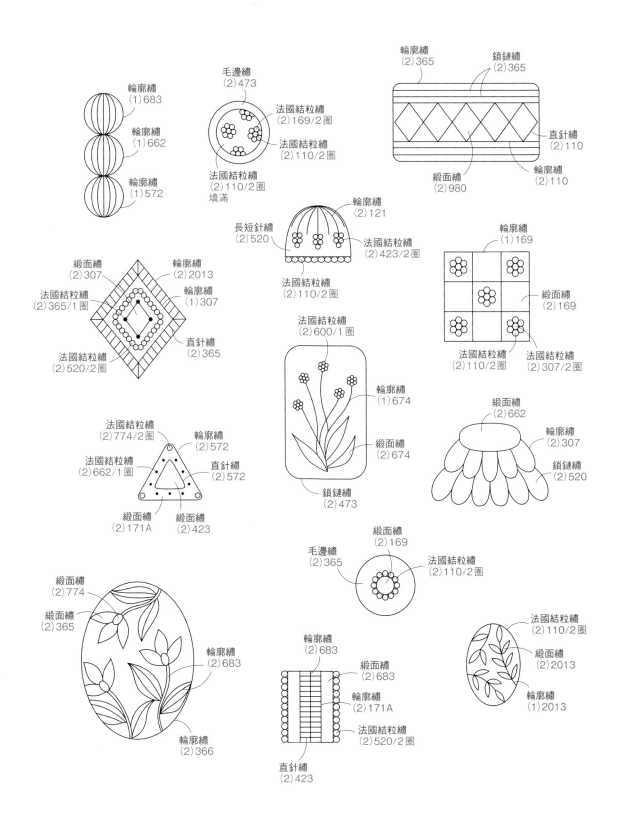

輪廓繡
(1)683

輪廓繡
(1)662

輪廓繡
(1)572

毛邊繡
(2)473

法國結粒繡
(2)169/2圈

法國結粒繡
(2)110/2圈

法國結粒繡
(2)110/2圈
填滿

輪廓繡
(2)365

鎖鏈繡
(2)365

直針繡
(2)110

緞面繡
(2)980

輪廓繡
(2)110

長短針繡
(2)520

輪廓繡
(2)121

法國結粒繡
(2)423/2圈

法國結粒繡
(2)110/2圈

輪廓繡
(1)169

緞面繡
(2)169

法國結粒繡
(2)110/2圈

法國結粒繡
(2)307/2圈

緞面繡
(2)307

輪廓繡
(2)2013

法國結粒繡
(2)365/1圈

輪廓繡
(1)307

直針繡
(2)365

法國結粒繡
(2)520/2圈

法國結粒繡
(2)600/1圈

輪廓繡
(1)674

緞面繡
(2)674

鎖鏈繡
(2)473

緞面繡
(2)662

輪廓繡
(2)307

鎖鏈繡
(2)520

法國結粒繡
(2)774/2圈

輪廓繡
(2)572

法國結粒繡
(2)662/1圈

直針繡
(2)572

緞面繡
(2)171A

緞面繡
(2)423

緞面繡
(2)169

毛邊繡
(2)365

法國結粒繡
(2)110/2圈

緞面繡
(2)774

緞面繡
(2)365

輪廓繡
(2)683

輪廓繡
(2)366

輪廓繡
(2)683

緞面繡
(2)683

輪廓繡
(2)171A

法國結粒繡
(2)520/2圈

直針繡
(2)423

法國結粒繡
(2)110/2圈

緞面繡
(2)2013

輪廓繡
(1)2013

59

●使用 COSMO 25 號繡線
●底布：COSMO 中麻布 11 號・白色

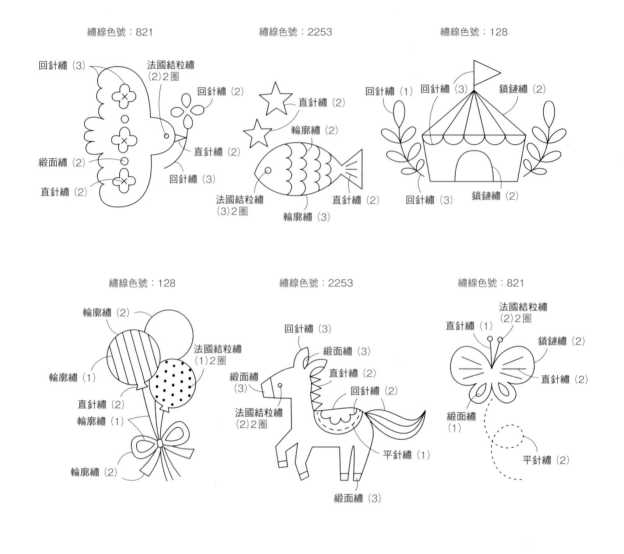

繡線色號：821

回針繡 (3)　　　法國結粒繡
　　　　　　　(2) 2 圈
　　　　　　　　　　回針繡 (2)

緞面繡 (2)　　　　　　直針繡 (2)

直針繡 (2)　　　回針繡 (3)

繡線色號：2253

直針繡 (2)

輪廓繡 (2)

法國結粒繡　　　直針繡 (2)
(3) 2 圈
輪廓繡 (3)

繡線色號：128

回針繡 (1)　回針繡 (3)　鎖鏈繡 (2)

回針繡 (3)　　鎖鏈繡 (2)

繡線色號：128

輪廓繡 (2)

輪廓繡 (1)　　　　法國結粒繡
　　　　　　　(1) 2 圈
直針繡 (2)
輪廓繡 (1)

輪廓繡 (2)

繡線色號：2253

回針繡 (3)

緞面繡 (3)

緞面繡　　　直針繡 (2)
(3)
　　　　　回針繡 (2)
法國結粒繡
(2) 2 圈

平針繡 (1)

緞面繡 (3)

繡線色號：821

直針繡 (1)　　法國結粒繡
　　　　　(2) 2 圈

鎖鏈繡 (2)

直針繡 (2)

緞面繡
(1)

平針繡 (2)

繡線色號：2253

輪廓繡 (3)

輪廓繡 (2)　　　　法國結粒繡
　　　　　　　(2) 2 圈
法國結粒繡　　　　直針繡 (2)
(2) 2 圈

輪廓繡 (3)　　　輪廓繡 (1)

輪廓繡 (2)

繡線色號：821

直針繡 (2)　　鎖鏈繡 (2)

輪廓繡 (1)

直針繡 (2)

繡線色號：128

直針繡 (1)

回針繡 (1)

回針繡 (3)

法國結粒繡
(2) 2 圈
直針繡 (2)

回針繡 (1)

輪廓繡 (1)

緞面繡 (3)

直針繡 (3)

毛邊繡 (3)

直針繡 (1)

直針繡
(1)

直針繡
(3)

回針繡
(3)

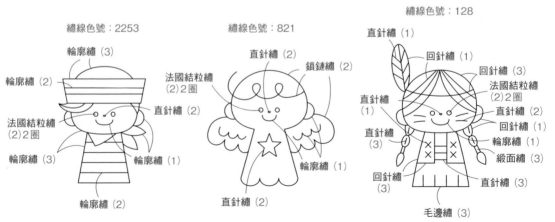

● 使用 COSMO 25 號繡線
● 底布：COSMO 中麻布 11 號‧白色

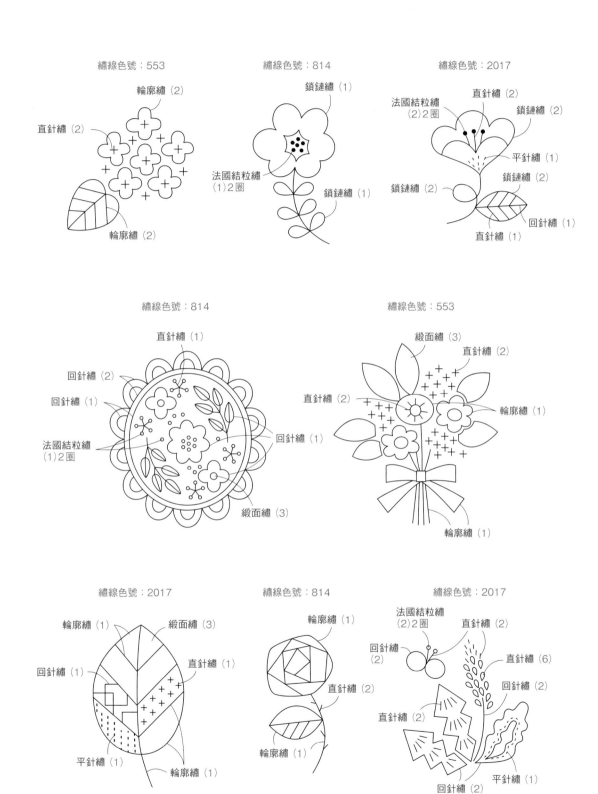

繡線色號：553

輪廓繡（2）
直針繡（2）
輪廓繡（2）

繡線色號：814

鎖鏈繡（1）
法國結粒繡（1）2圈
鎖鏈繡（1）

繡線色號：2017

法國結粒繡（2）2圈
直針繡（2）
鎖鏈繡（2）
平針繡（1）
鎖鏈繡（2）
鎖鏈繡（2）
回針繡（1）
直針繡（1）

繡線色號：814

直針繡（1）
回針繡（2）
回針繡（1）
法國結粒繡（1）2圈
回針繡（1）
緞面繡（3）

繡線色號：553

緞面繡（3）
直針繡（2）
直針繡（2）
輪廓繡（1）
輪廓繡（1）

繡線色號：2017

輪廓繡（1）
緞面繡（3）
回針繡（1）
直針繡（1）
平針繡（1）
輪廓繡（1）

繡線色號：814

輪廓繡（1）
直針繡（2）
輪廓繡（1）

繡線色號：2017

法國結粒繡（2）2圈
直針繡（2）
回針繡（2）
直針繡（6）
回針繡（2）
直針繡（2）
回針繡（2）
平針繡（1）

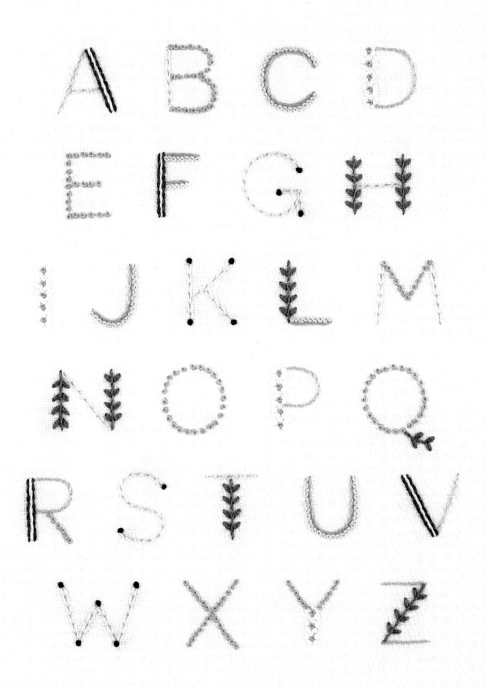

●使用 COSMO 25 號繡線
●底布：COSMO 中麻布 11 號・白色

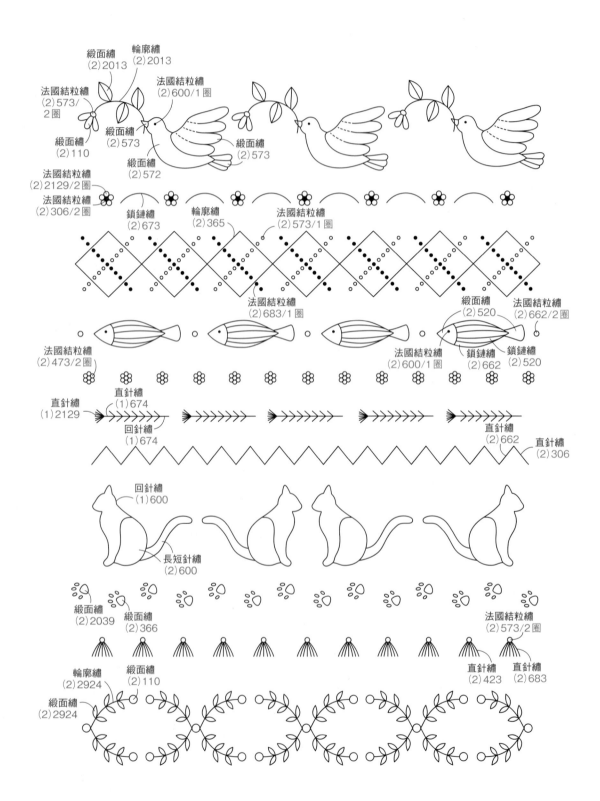

緞面繡 (2)2013
輪廓繡 (2)2013
法國結粒繡 (2)600/1圈
法國結粒繡 (2)573/2圈
緞面繡 (2)110
緞面繡 (2)573
緞面繡 (2)572
緞面繡 (2)573

法國結粒繡 (2)2129/2圈
法國結粒繡 (2)306/2圈
鎖鏈繡 (2)673
輪廓繡 (2)365
法國結粒繡 (2)573/1圈

法國結粒繡 (2)683/1圈
緞面繡 (2)520
法國結粒繡 (2)662/2圈
法國結粒繡 (2)473/2圈
法國結粒繡 (2)600/1圈
鎖鏈繡 (2)662
鎖鏈繡 (2)520

直針繡 (1)2129
直針繡 (1)674
回針繡 (1)674
直針繡 (2)662
直針繡 (2)306

回針繡 (1)600
長短針繡 (2)600

緞面繡 (2)2039
緞面繡 (2)366
法國結粒繡 (2)573/2圈
直針繡 (2)423
直針繡 (2)683

輪廓繡 (2)2924
緞面繡 (2)110
緞面繡 (2)2924

●使用 COSMO 25 號繡線
●底布：COSMO 中麻布 11 號・白色

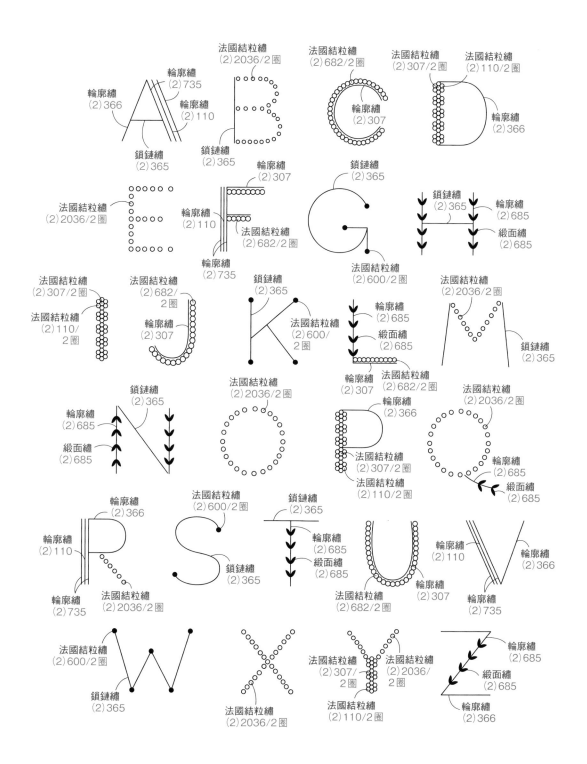

あ い う え お
　 か き く け こ
さ し す せ そ
　 た ち つ て と
な に ぬ ね の
　 は ひ ふ へ ほ
ま み む め も
　 や ゆ よ
ら り る れ ろ
　 わ を ん

●使用 DMC 25 號繡線
●底布：麻布

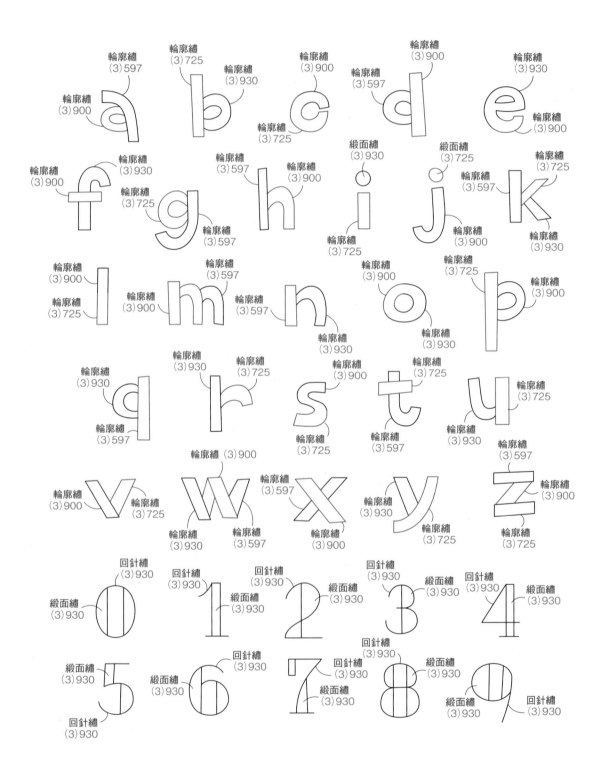

●使用 COSMO 25 號繡線
●除了特別指定，其餘皆使用輪廓繡 (2) 894。
●底布：COSMO 中麻布 11 號・白色

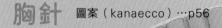

胸針 圖案（kanaecco）…p56

繡上各種可愛圖案製作而成的胸針，令人好想配戴。

這裡介紹兩款，底布分別為棉布及毛氈布。

毛氈布為基底的還可以作為刺繡布貼。

毛氈布胸針

棉布胸針

〈棉布胸針〉

※範例作品使用的是 Clover 可樂牌的包釦胚＋胸針組（型號：Oval 55）。
使用方法請參閱商品包裝上說明。

【材料】・棉布：適量　・毛氈布：適量　・包釦胚：1個　・安全別針：1個

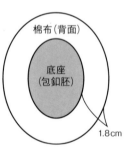

❶ 釦胚往外延伸1.8cm
處為邊界，裁剪好棉布。

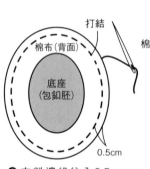

❷ 布料邊緣往內0.5cm
處先疏縫一周，縫好後將
針穿至正面。

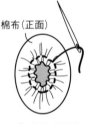

❸ 將線抽拉收
緊。

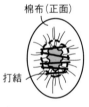

❹ 就這樣繼續跨越
收口縫合數針，確實
收緊後，打結收針。

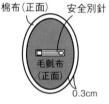

❺ 裁剪毛氈布，尺
寸為釦子邊緣往內
縮0.3cm，以白膠黏
上後，再貼上安全別
針。

〈毛氈布胸針〉

【材料】　・毛氈布：適量　　・安全別針：1個

❶ 裁剪繡好圖案的毛氈
布，尺寸為圖案邊緣往外
增約0.2～0.3cm。

❷ 再裁剪一塊毛氈布，尺
寸與繡有圖案的毛氈布相
同。

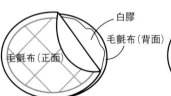

❸ 以白膠將兩片毛氈布
黏合。

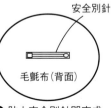

❹ 貼上安全別針即完成。

束口袋　圖案（ｓｕｚｕ）…p41　作法…p76

零散的小東西用束口袋來裝最合適了。
製作方法很簡單，非常適合當作小禮物！
繡上名字的字母縮寫作為裝飾也很可愛。

化妝包　圖案（FABBRICA）…p44　作法…p77

這一款化妝包有拉鍊，底部厚度充足、收納性佳。
繡上喜歡的圖案就是專屬於自己獨一無二的化妝包。
可以放化妝品或小點心等各式各樣的小物♪。

書袋

圖案（KAMO）…p20　作法…p78

這款隨著用途變換使用性質的萬用
書袋，連繪本尺寸的書都裝得下。
使用牛津布製作，布料強度足夠，
能放心使用。

束口袋

【成品尺寸】
長20cm、寬15cm

【材料】
・表布（亞麻布類）…55×20cm
※先在表布上進行刺繡後再縫製。
・裏布（薄棉布類）…35×20cm
・繩子（0.5cm粗）…100cm

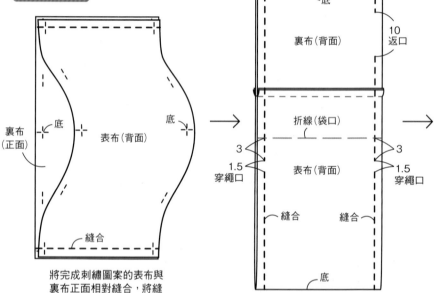

縫份1
15
5.5
折線(袋口)
3
1.5
53
20
表布(1片)
縫份1
底邊
17

縫份1
15
31
14.5
裏布(1片)
縫份1
底邊
17

作法

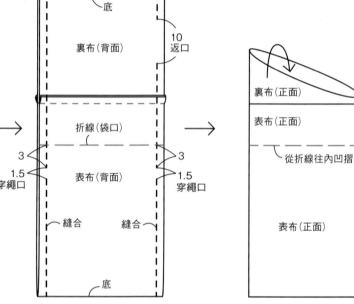

裏布(正面)　底　表布(背面)　底　裏布(正面)

縫合

將完成刺繡圖案的表布與裏布正面相對縫合，將縫份倒向裏布一側燙平。

底
裏布(背面)
10
返口
折線(袋口)
3　3
1.5
穿繩口
表布(背面)
1.5
穿繩口
縫合　縫合
底

摺出底部，除了返口與穿繩口處縫合所有側邊。壓開縫份熨燙，使其自然朝向表布與裏布的底側。

裏布(正面)
表布(正面)
從折線往內凹摺
表布(正面)

由返口將袋子翻到正面，縫合返口。從折線往內凹摺，把裏布放入袋子內裡後，將袋子整理平整。

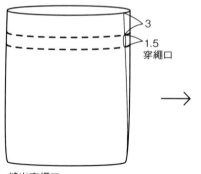

3
1.5
穿繩口

縫出穿繩口。
※這時要確認側邊的縫份是否有分開貼平內袋。

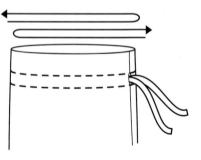

由兩側分別穿繩，穿好後尾端打結。

完成！

化妝包

【成品尺寸】
長11cm、寬17cm、底部寬5cm

【材料】
・表布（亞麻布類）…35×20cm
※先在表布上進行刺繡後再縫製。
・裏布（薄棉布類）…35×20cm
・拉鍊（長度20cm）…1條

裁剪圖示 ※單位 cm

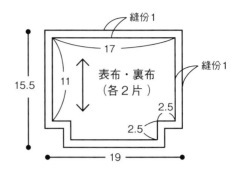

縫份1
17
縫份1
15.5
11
表布・裏布
（各2片）
2.5
2.5
19

作法

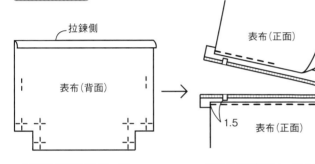

拉鍊側

表布（背面）

表布（2片）的靠拉鍊一側，
摺出完成線。
※裏布也同樣作法。

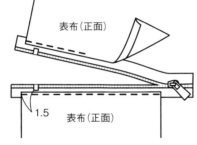

表布（正面）

1.5
表布（正面）

將表布疊在拉鍊上，縫合兩側的連接處。
拉鍊的結束處要距離側邊1.5cm。

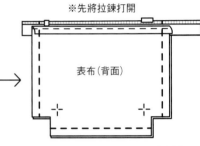

※先將拉鍊打開

表布（背面）

2片表布正面相對疊放，縫合側
邊與底部，完成後將縫份燙開。
※裏布也同樣作法。

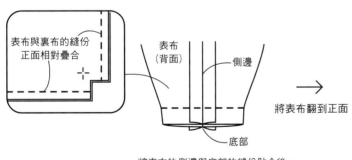

表布與裏布的縫份
正面相對疊合

表布
（背面）
側邊

底部

將表布的側邊與底部的縫份貼合後，
縫合固定，做出袋子的底部。
※裏布也同樣作法。

將表布翻到正面

裏布（背面）

表布（正面）

將裏布放入袋中，
整理好形狀使其平整。

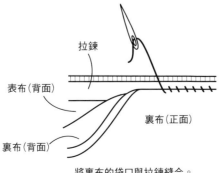

拉鍊

表布（背面）

裏布（正面）

裏布（背面）

將裏布的袋口與拉鍊縫合。

完成！

書袋

【成品尺寸】
長30cm、寬40cm
提把：長30cm、寬2.5cm

【材料】
・表布、提把（牛津布類）…85×50cm
※先在表布上進行刺繡後再縫製。
※表布較薄時，請在內裡貼一層襯布。
・裏布（薄棉布類）…70×50cm
・底布（薄棉布類）…15×50cm

縫份1

40

縫份1

62　30

表布・裏布
（各1片）

↕

底邊

42

提把（2片）※縫份1

7

30　5

32

縫份1

40

縫份1

10

22

底布（1片）

底部

10

42

作法

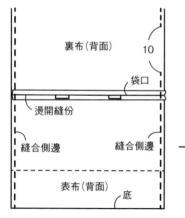

提把（背面）

摺出兩側的縫份

↓

0.2～0.3
提把（正面）
0.2～0.3

摺成一半，縫合兩側。
※製作兩條

底布（背面）

底　　　　底

摺出底布的縫份

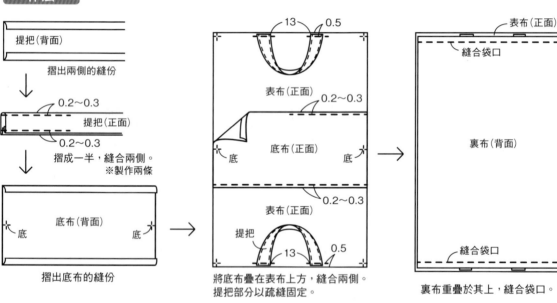

13　0.5

表布（正面）

0.2～0.3

底　底布（正面）　底

0.2～0.3

表布（正面）

提把

13　0.5

將底布疊在表布上方，縫合兩側。
提把部分以疏縫固定。

表布（正面）

縫合袋口

裏布（背面）

縫合袋口

裏布重疊於其上，縫合袋口。

裏布（背面）　10

袋口

燙開縫份

縫合側邊　　縫合側邊

表布（背面）　底

重新摺疊，使袋口對著袋口，將袋
口的縫份燙開，然後縫合側邊。
※裏布一側要留下10cm返口

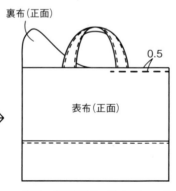

裏布（正面）

0.5

表布（正面）

由返口翻至正面，縫合返口。裏
布放入袋內調整形狀將作品整理
平整，於袋口處縫出邊線固定。

完成！

作家群小檔案

KAMO（カモ）
封面・書中插畫、p20-21,60-61（圖案設計）

插畫家。曾於廣告公司擔任平面設計師，之後獨立成為自由工作者。除了為書籍、廣告等製作插畫，也以插畫講師身分在日本開設講座，活躍於各媒體。著作有《以原子筆畫插畫》等插圖教學書。目前於 instagram 即時更新的兔子原創角色「Usagitake」，正以繪本、周邊及聯名商品等企劃熱烈展開中。
🌐 https://kamoco.net
🌐 https://www.instagram.com/illustratorkamo/

kanaecco
p24-25,56-57,64-65,69,72

以自學刺繡為開端，2013 年起開始創作活動。以動物主題為中心，主要刺繡作品為獨具個人風格的邊緣裝飾刺繡圖案胸針。除了在網路上販售自己的作品，也經常為書籍提供圖案設計等等，活躍於多個領域。
🌐 https://kanaecco.theshop.jp
🌐 https://www.instagram.com/kanaecco

ｓｕｚｕ（aiko suzuki）
p36-37,40-41,73

刺繡作家。於倫敦藝術大學主修紡織品課程。留英期間認識了高級訂製服與英國刺繡的世界，從此為其醉心，並學習 Stumpwork 立體刺繡、White Work 白線刺繡、Hardanger 刺繡等技法。回日本後先在大間服飾公司服務，2020 年由於長時間待在家中，重新開始刺繡活動，2021 年創設「theRibbonknot」工作室，以單一主圖小刺繡就能享受刺繡樂趣的織品刺繡為主軸，提供眾多提案。
🌐 https://theribbonknot.wixsite.com/theribbonknot
🌐 https://instagram.com/the.ribbon.knot?igshid=NWRhNmQxMjQ=

FABBRICA（ファブリカ）
p4,44-45,52-53,68,74

畢業於文化服裝學院。曾擔任流行服飾設計師，現在主要以刺繡作家身分活動。曾經參與 NHK「美好手作教室（暫譯，原名：すてきにハンドメイド）」節目，透過函授講座、經營 YouTube 刺繡頻道等等，致力於向大眾傳達刺繡及手工藝的魅力。曾獲 minne 手藝賞的篠原 TOMOE 獎。共同著作有《適合童衣的可愛簡單小圖刺繡（暫譯，原名：子供服のワンポイント刺繡）》（X-Knowledge 社出版）。
🌐 https://www.instagram.com/fabbrica_yaji47/
🌐 https://youtube.com/c/FABBRICA-Embroidery

moha._.moha 中村 知葉
p28-29,32-33,48-49

生物刺繡家。2008 年畢業於京都嵯峨藝術大學藝術學部觀光設計科。曾於兵庫縣的小學擔任美術教師。2015 年後開始以動物及各種生物為主題，創作刺繡手作小物。經常使用 Gradation 系列漸層染色的繡線，展現色彩繽紛又可愛且風格溫暖的動物刺繡作品。
🌐 https://moha-moha.amebaownd.com
🌐 https://www.instagram.com/moha._.moha/

愛手作系列 044

簡單繡就 OK！
可愛風手感刺繡

作　　者／KAMO、Kanaecco、ｓｕｚｕ、FABBRICA、
　　　　　　moha._.moha
主　　編／林巧玲
翻　　譯／方冠婷
封面設計／N.H.Design
編輯排版／陳琬綾
發 行 人／張英利
出 版 者／大風文創股份有限公司
電　　話／02-2218-0701
傳　　真／02-2218-0704
網　　址／http://windwind.com.tw
E - M a i l ／rphsale@gmail.com
Facebook／大風文創粉絲團
http://www.facebook.com/windwindinternational
地　　址／231 台灣新北市新店區中正路 499 號 4 樓

台灣地區總經銷／聯合發行股份有限公司
電話／（02）2917-8022
傳真／（02）2915-6276
地址／231 新北市新店區寶橋路 235 巷 6 弄 6 號 2 樓

香港地區總經銷／豐達出版發行有限公司
電話／（852）2172-6533
傳真／（852）2172-4355
地址／香港柴灣永泰道 70 號 柴灣工業城 2 期 1805 室

初版一刷／2023 年 10 月
定價／新台幣 320 元

HAJIMETE DEMO DEKIRU ONE POINT SHISHUU BOOK
（ NV70693 ）
Copyright © NIHON VOGUE-SHA 2022
All rights reserved.
Photographer: Yukari Shirai, Noriaki Moriya
Original Japanese edition published in Japan by NIHON
VOGUE Corp.
Traditional Chinese translation rights arranged with
NIHON VOGUE Corp. through Keio Cultural Enterprise
Co., Ltd.
Traditional Chinese edition copyright © 2023 by Wind
Wind International Company Ltd.

國家圖書館出版品預行編目（CIP）資料

簡單繡就 OK！可愛風手感刺繡／ KAMO、
Kanaecco、ｓｕｚｕ、FABBRICA、moha._.moha 作 .;
方冠婷翻譯 -- 初版 . -- 新北市：大風文創股份有
限公司，2023.10　面；　公分
譯自：はじめてでもできるワンポイント刺しゅ
う BOOK
ISBN 978-626-96755-3-1(平裝)

1.CST: 刺繡 2.CST: 手工藝

426.4　　　　　　　　　　　112008613

線上讀者問卷
關於本書任何建議與心得，
歡迎和我們分享。

https://reurl.cc/73yKyN

● 日方 Staff
攝　　影／白井由香里、森谷則秋（p5 上 ,68,69）
書籍設計／塚田佳奈（ME&MIRACO）
描　　圖／株式会社ウエイド（手藝部）
編輯協力／関和子（p9,10,12,13,15-18,20-21,60-61,75）
編輯担当／川上侑美

● 素材提供
ディー・エム・シー株式会社
株式会社 ルシアン
クロバー株式会社
オリムパス製絲株式会社